应用统计·数量经济精品系列

概率分布的部分识别

Partial Identification of Probability Distributions

● [美] 查尔斯·曼斯基（Charles F.Manski）

著

● 王忠玉 译

哈尔滨工业大学出版社
HARBIN INSTITUTE OF TECHNOLOGY PRESS

黑版贸审字 08 - 2017 - 098 号

内容简介

全书采用一种统一方式加以讨论,即首先对生成可用数据的抽样过程进行设定,并考察仅利用实证证据时,探讨了解认识总体参数的情况,然后研究倘若在施加各种各样的假设条件下,这些参数的集值识别域会如何缩小。所用的推断方法是传统的且完全非参数的方法。

本书适合于统计学、应用数学、数量经济学、经济学等专业的研究生和教师,以及相关专业对部分识别方法和应用感兴趣的研究人员、教师等参考使用。

图书在版编目(CIP)数据

概率分布的部分识别/(美)查尔斯·曼斯基(Charles F. Manski)著;王忠玉译. ——哈尔滨:哈尔滨工业大学出版社,2018.7
ISBN 978 - 7 - 5603 - 7310 - 2

Ⅰ.①概… Ⅱ.①查…②王… Ⅲ.①概率分布—研究Ⅳ.①O211.1

中国版本图书馆 CIP 数据核字(2018)第 067342 号

策划编辑　刘培杰　张永芹
责任编辑　张永芹　杜莹雪
封面设计　孙茵艾
出版发行　哈尔滨工业大学出版社
社　　址　哈尔滨市南岗区复华四道街 10 号　邮编 150006
传　　真　0451 - 86414749
网　　址　http://hitpress.hit.edu.cn
印　　刷　哈尔滨市工大节能印刷厂
开　　本　787mm×1092mm　1/16　印张 13.5　字数 240 千字
版　　次　2018 年 7 月第 1 版　2018 年 7 月第 1 次印刷
书　　号　ISBN 978 - 7 - 5603 - 7310 - 2
定　　价　68.00 元

本书献给亚瑟·戈德伯格（Arthur Goldberger），他鼓励我不断飞翔。

I am pleased that Harbin Institute of Technology Press is publishing the authorized Chinese translation of my book Partial Identification of Probability Distributions. I am grateful to Professor Wang Zhongyu for his effort to perform the translation. I hope that the Chinese translation will enable Chinese – speaking students and researchers to become familiar with partial identification analysis and to apply it usefully to empirical research.

Charles F. Manski

2018. 3. 20

我非常高兴哈尔滨工业大学出版社出版了我的书《概率分布的部分识别》授权的中译本,感谢王忠玉教授为翻译这本书所付出的辛苦努力。我希望中译本能够促进中国学生和研究人员熟悉部分识别分析,并将其作为实证研究的有力工具。

查尔斯 F. 曼斯基
2018 年 3 月 20 日

自从拉格纳·弗里希(Ragnar Frisch)于 20 世纪 30 年代创立了计量经济学以来,经过计量经济学家们的不断努力,已经建立起新的方法论和计量经济理论,实现了从政治经济学向理性经济学质的转变,这不仅是在经济学研究的方法论上取得的重大突破,而且作为实证经济学的主流方法的计量经济学理论体系同样取得了巨大的成就。

特别是在最近 30 年,计量经济学领域出现一些新的方法或探索领域,比如协整、部分识别、单位根、格兰杰因果性、金融计量经济方法、面板数据的计量经济理论及方法、结构宏观计量经济方法、微观计量经济方法,等等。

对于识别理论,首先应该明确它的地位以及它与统计应用的关系。利用计量经济理论及方法进行实证研究问题时,一般步骤是:建立模型、识别模型、参数估计、显著性检验及应用。模型识别是连接模型设定与参数估计之间的桥梁,建立了联立方程计量经济学模型以后,要进行参数估计,必须先判别方程是否可识别。只有可识别的方程才能得出其结构式参数,可以认为,此时识别作为得以严谨的概念化的理论,已成为相对独立的部分,被从模型设定与估计中分离出来。从本质上看,由于识别涉及结构式方程参数的定值问题,是先于估计的逻辑问题,所以识别不是统计推断的问题,而是产生于模型建立与对变量概率分布解释之间的先验问题,从这一角度出发,有必要对识别进行单独研究。

实际上,对于计量经济模型来说,研究者做出的假设越强,所能得到的信息就会越多,因此,要获得较强的结构必然是以更强的假设为代价的。

部分识别分析方法致力于更灵活的识别概念,并为实证研究者提供可利用各种不同假设来控制和利用的感兴趣参数的信息范围。从某种意义上说,部分识别实证研究方法是当今理论经济学研究中前沿疆域之一。部分识别分析方法,将从各种不同实证模型所推断出的结论和以透明方式所做出的一系列假设联系起来,利用这种部分识别方法,实证研究者可以检查他们所做假设的信息内容,同时探索对所做推断的影响。

《概率分布的部分识别》是美国西北大学经济学教授曼斯基对"部分识别"深入探索系列成果的集成,是一本系统阐述计量经济学中部分识别分析方法的经典著作。本书中译本的出版是国内大学生和实证研究者、相关人员了解和学习"部分识别"这一新兴实证分析方法的一扇门,是进一步学习和掌握部分识别分析方法的基石。

科学的发展离不开现实的问题,科学创新来自继承和发展。作为新兴的实证研究分析的部分识别分析方法,势必会被越来越多的实证研究者和相关人员所掌握和运用,运用部分识别分析方法会使计量经济模型的假设更为灵活、应用更贴近现实、更有应用价值。

赵振全
吉林大学商学院教授

◎
导
读

仅有样本数据不足以推断出有关总体的结论。研究人员在进行统计推断时,总是需要对总体和抽样过程做出一些假设。统计理论已经揭示了许多关于假设的强度如何影响点估计的精确度的问题,但是关于假设如何影响总体参数的可识别,这方面的内容还有许多事情要探索。事实上,将识别看成一个二元事件,也就是参数要么是可识别的,要么是不可识别的,这样做司空见惯,并且将点识别视为统计推断的先决条件。但是,利用数据和部分识别总体参数的假设,对于富有成效的推断来说具有很大的发展空间。

这本书解释了为什么要研究部分识别,并说明怎样利用部分识别进行推断。本书以严谨而全面的方式阐述了查尔斯·曼斯基对概率分布部分识别进行研究的主要内容。其中一个重点是,关于带有缺失结果或协变量数据的预测问题;另一个重点是关于有限混合的分解,这可应用于污染抽样和生态推断的分析;第三个重点是聚焦处理响应分析。

无论所研究的对象是什么,这本书的阐述都遵循一种共同的方式:作者首先对生成可用数据的抽样过程进行设定,同时考察仅利用实证证据时,探讨了解认识总体参数的情况,然后研究如果施加各种各样的假设,那么这些参数的(通常)集值识别域会如何缩小。贯穿全书的推断方法是有意采用传统的且完全非参数的方法。

在没有施加不可预测的假设条件下,传统的非参数分析会促使研究者从可利用的数据中学习。这种方法能在众多研究人员之间建立一个共识领域,这些研究者对关于什么样假设是适宜的可能持有不同的信念。

前
言

　　在早期,我对部分识别的研究工作是孤独的,亚瑟·戈德伯格(Arthur Goldberger)看到了它的潜力,并支持我继续这样做.当我激动地向他展示一个新研究发现时,他给予我精神上特别的鼓舞,他说"现在你正在飞翔".多年以来,作为同事、评论家和朋友,我没有太多方式来表达这对我来说是多么的重要.将这本书献给他就是我的一个鼓励.

　　随着人们对部分识别的兴趣,同时对部分识别的研究做出的贡献,我的研究工作少了些孤独感.本书的10章内容中有4章是基于和我合作的共同作者而完成的,我很喜欢和合作者进行富有成效的合作.第3章和第4章是基于和乔尔·霍罗威茨(Joel Horowitz)合作的几篇已经发表的论文而写成的;第5章是基于和菲利普·克罗斯(Philip Cross)合作论文而完成的;第9章是基于和约翰·佩珀(John Pepper)共同撰写的论文而成的.针对这些特定的项目,我从与乔尔、菲利普和约翰一起研究工作中获益良多,还有对共同关注主题的讨论,亦是如此.

　　在2002年夏天,杰夫·多米尼茨(Jeff Dominitz)、弗朗西丝卡·莫利纳里(Francesca Molinari)、约翰·佩珀以及丹尼尔·沙尔夫斯泰因(Daniel Scharfstein)对我完成本书的草稿提出了周全

1

细致而又富有建设性的意见. 幸运的是, 这四个人全都对这本书感兴趣, 并且热心地帮助我改进本书内容的研究范围及阐述. 在 2002 年春季和秋季, 我非常感谢在西北大学的研读博士学位的研究生参与我讲授的计量经济学课程. 在 2002 年春季课程中, 我尝试了本书各种不同形式的各章早期版本, 并在 2002 年秋季课程中完成了整本书的草稿. 我也感谢约尔格·斯托伊 (Joerg Stoye), 他仔细阅读并修改了本书手稿.

　　美国国家科学基金会对我的研究项目提供了持续的资助. 我这本书的前期准备研究工作还部分地得到了 SES–0001436 项目的资助.

伊利诺伊州, 芝加哥

查尔斯 F. 曼斯基

2003 年 1 月

目录

1

部分识别与可信推断

引

言

统计推断是指运用样本数据经由某种推理而得到关注总体(Population of Interest)的某些结论。可是,仅有数据并不能满足推理要求。人们在进行推断时,总是要对总体和抽样过程做出一些假设。统计理论通过说明怎样将数据与假设相结合来得出结论,以此阐明统计推断的逻辑。

实证研究者不仅应该研究推断的逻辑,而且还应该探讨其推断的可信性。尽管可信性是一件主观之事,但是我个人认为,存在一个广泛的意见一致原理,我们称之为可信性递减定律(the law of Decreasing Credibility)。

可信性递减定律:推断结论的可信性会随着所做假设效力的增强而递减。

这个原理蕴含着实证研究者面临着他们决定支持什么样假设的困境:倘若做出的假设越强,则得出的结论就会越具有说服效力,但其可信程度便会越低。统计理论虽不能解决此困境,但可以澄清其本质特性。

数据和假设的结合可用于对关注总体的参数进行点识别,而另一种方式则是将参数置于集值识别域,区分上述这两种方式是十分有益的。对于参数的一致点估计来说,点识别是十分基本的必要条件。对业已取得的点识别假设进一步加以强化,这可以提高参数的可达精确度。统计理论对诸如此类之事阐述得非常多。通过费希尔(Fisher)信息矩阵,经典的局部渐近有效性理论刻画了可达精确度是怎样随着所假定的总体内容的增多而增强的。非参数回归分析说明,估计的可达收敛速率

1

是怎样随着所假定的回归形状内容增多而增快的。这些业已取得的成果以及那些进展为实证研究者面对各种不同点的估计方法，为对可信性与精确度进行权衡提供了重要的指南。

对于不是点识别的参数（参看引言后面的历史评注）来说，统计理论对此极少谈及。将识别考虑成二值事件（参数要么是可识别的，要么是不可识别的），并且将点识别看成是有意义推断的先决条件。然而，有关利用数据与可部分识别总体参数的假设来进行推断方面取得了大量的丰硕成果。本书将解释为什么要进行这样的推断，并说明怎样进行推断。

本书起源与组织安排　这本书根植于我在 20 世纪 80 年代后期，对带有数据缺失的非参数分析所做的探索。运用回归估计的实证研究者通常会假定：缺失性在如下意义上是随机的，即结果的可观测性与结果之值是统计独立的。可是，这个点识别假设与其他的点识别假设，由于是不可能真实的而时常受到批评，所以我打算研究，如果关于缺失性过程什么都不知道，或者如果假设比所施加的作为广泛可信的那种假设充分地弱，则什么样的带有结果的部分可观测性的随机抽样可以揭示有关均值与分位数的回归呢？研究结果表明，准确界（Sharp bounds）形式会随着关注回归与所做假设的变化而变化。这些界是可利用非参数回归分析的标准方法很容易地估计出来。

对带有结果数据缺失的回归进行研究，激发了对更一般不完全数据问题的探索。一些样本实现值可能有不可观测的结果，有些样本实现值可能有不可观测的协变量，而另一些样本实现值可能全部缺失。有时候，可以利用结果的区间测量或者协变量，而不是点测量。带有结果与协变量不完全观测观的随机抽样一般会产生回归的部分识别。其挑战是，当人们做出另一些假设时，如何刻画和估计由不完全数据过程所产生的识别域。

对带有结果数据缺失的回归进行研究，也很自然地导致了对处理响应的推断方面的考察。对处理响应进行分析必须研究下面的基本问题：反事实结果是不可观测的；因此，我对带有结果数据缺失的回归的部分识别研究方面取得了许多成果，都可以直接得以应用。然而，处理响应分析远远超越一般数据缺失问题。一个原因是，当结合了合适的假设之后，结果的实现观测值可以提供反事实事件的信息。另一个原因是，处理选择的实际问题激发了对处理响应做出更多的探索,因此,要确定什么样的总体参数是人们感兴趣的。进而,我发现将处理响应推断作为一个专题确实有其自身价值,这样做是富有成效的。

另外一个研究主题是,对有限概率混合形式的成分进行推断。对有限概率混合形式进行分解的数学问题,从本质上看,会在许多截然不同的背景中产生,具体来说包括污染抽样、生态推断以及带有协变量数据缺失。有限概率混合形式的研究成果,不仅在所有这些专题方面有应用,甚至也在其他别的方面得到应用。

本书系统地阐述了我对概率分布的部分识别进行研究所取得的主要成果。第1章至第3章构成对涉及带有结果数据缺失或协变量数据情况进行预测的单元。第4章和第5章构成对有限混合形式执行分解的单元。第6章则是自成体系的,组成了基于响应的抽样分析单元。第7章至第10章构成处理响应分析单元。

不论所研究的专题内容如何特殊,阐述讲解都遵循一种共同的途径。首先,我设定抽样过程生成了可利用的数据,并探寻在没有限制总体分布的假设条件下,什么会成为推断总体参数呢? 然后,就要探寻如果施加某些假设,这些参数的集值识别域会怎样(典型地)收缩呢? 当然,存在数量极其众多的可能具有各自特定目的的假设。在本书里,我主要研究统计独立性与单调性假设。

贯穿于本书的推断方法是有意采用传统的标准且完全非参数的方法。研究抽样过程的传统方法可以部分识别总体参数,这种传统方法将可利用数据与充分强的假设相结合,从而获得点识别。这种假设往往没有很好的动机,而实证研究者时常反复考虑假设的有效性。传统的标准非参数分析会使研究者在施加了站不住脚的假设条件下,从可利用数据中知晓信息。非参数方法能在那些可能各自持有什么样假设是适宜的信念的研究者中间建立起共识,也会使可利用数据的局限性清晰可见。当可信的识别域被证明是令人不满意的时候,研究者应该大胆地面对如下事实:可利用数据确实不支持他们所希望达到的尽可能精炼的推断。

从总体上看,本书的分析是建立在最基本的初等概率论基础上。数量众多的有关识别,可以从全概率定律和贝叶斯定理的有见地的应用中知道,这点将变得十分明显。为了在不牺牲严谨条件下保持阐述简单起见,我们自始至终地假定条件事件具有正的概率。适当关注光滑性与支持条件,更为一般地讲,凡是涉及以事件为条件的各种各样命题均成立。

就书中所用记号与术语而言,全书 10 章内容做到前后保持一致,和第 1 章所述的最基本内容以及后面各章所需介绍的详尽细节相一致。随机变量总是采用斜体,而对随机变量的实现值则采用正体。每一章的主体部分都以教材的方式写作的,没有参考文献。可是,每一章都有补充内容和评注,以此说明来龙去脉,以兼收并蓄的形式详尽阐述。每一章的第 1 个评注引述本章内容的出处,这些来源主要是我在 1989 年至 2002 年期间所撰写的研究文章,还有我和合作者所共同完成的论文。

这本书对我出版过的《社会科学的识别问题》(曼斯基,1995)提供了一个补充,《社会科学的识别问题》以一种初级方式,打算向社会科学领域的广大大学生和研究者阐明部分识别的基本专题与研究发现。目前这本书则以一种严谨、彻底的方式发展了部分识别这一主题,目的是为统计学家和经济计量学家提供进一步深入研究的基础。希望那些完全不熟悉部分识别的读者可以至少大致浏览一下《社会科学的识别问题》的引论和前两章内容,以此作为研究这一专题的开端。

识别与统计推断　这本书只偶尔包括对有限样本统计推断问题加以讨论。识别与统计推断是两类性质截然不同的问题,为取得富有成效的成果,要对它们各自进行研究。识别问题或许是比较艰难的问题,但这一问题至少在演绎逻辑形式上执行起来具有解析清楚的特征。统计推断则是一种从样本到总体更加复杂的进行归纳的方法。

将识别与统计推断的组成部分加以分离的实用性,人们很早就取得了这种认识。科普曼斯(Koopmans,1949,p132)在将术语"识别"(Identification)引入到文献的那篇文章中便以这种方式提出来:

> 在我们的讨论中,我们运用了"参数可以由充分多的观测值来确定"的词组。现在我们将更准确地定义这个概念,并给它一个名称——参数的识别性(Identifiability),而不是采用和之前一样由"充分多的观测值"推理。我们将我们的讨论建立在观测值的概率分布

的假设知识基础上,正如下面更全面的定义那样。很明显,这个概率分布的准确知识并不可能从任何有限多个观测值来获得。这样的知识可以被人们有限地认知,但却无法经由扩大观测值数量来达到全面认识。虽然如此,统计推断问题是由有限样本的变异性而产生的,而识别问题则是由我们探索推断的局限性而引起,借助于对这样知识的完整可利用性加以假定,我们获得了这两类问题之间一个清晰的分离,对于后者,甚至源自无限多个观测值的推断仍受到人们质疑。

历史评注　尽管关于总体参数的部分识别研究历史悠久,但是对它的探索在统计理论历史上显得稀疏零散。弗里希(Frisch,1934)研究了当对协变量测量带有零均值误差时,简单线性回归斜率参数的准确界;50 年后,他的分析被克莱珀和莱默(Klepper and Leamer,1984)推广到多元回归上。弗雷谢(Frechét,1951)研究了已知概率分布边缘分布的知识,并推导出联合概率分布的结论,参看鲁申多夫(Ruschendorf,1981)对此做出的后续研究发现。邓肯和戴维斯(Duncan and Davis,1953)运用数值例子来证明,生态推断是一个部分识别的问题。然而,对识别域的正式刻画却一直等到50 多年后才得以完成(霍罗威茨和曼斯基(Horowitz and Manski,1995);克罗斯和曼斯基(Cross and Manski,2002)克科伦、莫斯特勒、图基(Cochran,Mosteller and Tukey,1954)认为,带有结果数据缺失的调查的经典分析归因于样本元素的,然而,克科伦(1977)后来低估了这种思想。彼得森(Peterson,1976)开始对生存分析的竞争分析模型的部分识别进行研究,克劳德(Crowder,1991)与贝德福德和迈林(Bedford and Meilijson,1977)对此项研究做了深入探索。

在这本书中,我们自始至终地以仅利用实证证据来获得识别域开始,然后研究分布假设怎样使这个识别域缩小。从数学形式上看,补充方法是以某个点识别假设开始,考察当此假设以某特定方式被减弱时,识别是怎样衰退的。对后一类的方法论研究已有各种不同的称谓,比如敏感性分析、扰动分析或稳健性分析。例如,针对探索结果数据缺失的问题,罗森鲍姆(Rosenbaum,1995)沙尔夫斯泰因、罗特尼茨基和罗宾斯(Scharfstein,Rotnizky and Robins,1999)研究了背离数据是随机缺失的点识别假设。

结果数据缺失

1.1 问题解析

首先,假定总体 J 的每一个元素 j 在空间 Y 中有一个结果 y_j。总体是一个概率空间 (J, Ω, P),而且 $y: J \to Y$ 是一个具有分布 $P(y)$ 的随机变量。抽样过程是以随机方式从 J 中抽取一些人。y 的实现值可能是或可能不是可观测的,这用二值随机变量 z 的实现值来表示。因而,当 $z = 1$ 时,y 是可观测的,而当 $z = 0$ 时,y 是不可观测的。问题是如何运用可获得的数据来认识 $P(y)$。

这种常见带有结果数据缺失的推断问题的结构,可利用全概率定律(the Law of Total Probability)表示成

$$P(y) = P(y|z=1)P(z=1) + P(y|z=0)P(z=0) \qquad (1.1)$$

抽样过程渐近地揭示出可观测结果 $P(y|z=1)$ 的分布,还有可观测性 $P(z)$ 的分布。关于结果数据缺失 $P(y|z=0)$ 的分布,这个抽样过程并没有提供任何信息。因此,实证证据会渐近地揭示出:$P(y)$ 位于识别域(identification region,或称识别区域,译者注。)

$$H[P(y)] \equiv [P(y|z=1)P(z=1) + \gamma P(z=0), \gamma \in \Gamma_Y] \quad (1.2)$$

其中 Γ_Y 表示 Y 上的所有概率测度空间。$P(y)$ 的可行值是 $P(y|z=1)$ 与 Γ_Y 的全部元素的混合形式,具有混合概率 $P(z=1)$ 与 $P(z=0)$。不论数据缺失的概率 $P(z=0)$ 是否小于

1，识别域都是 Γ_Y 的真子集，并且当 $P(z=0)=0$ 时是单点集。因此，当 $0<P(z=0)<1$ 时，$P(y)$ 是部分识别的（partially identification）；当 $P(z=0)=0$ 时，$P(y)$ 是点识别的（point identification）。

分布假设或许有识别能力。人们可以假定，结果数据缺失的分布 $P(y|z=0)$ 位于某个集合 $\Gamma_{0Y}\subset\Gamma_Y$。那么，识别域从 $H[P(y)]$ 收缩至

$$H_1[P(y)]\equiv[P(y|z=1)P(z=1)+\gamma P(z=0),\gamma\in\Gamma_{0Y}] \qquad (1.3)$$

或者，人们可以假定，感兴趣分布 $P(y)$ 位于某个集合 $H_0[P(y)]\subset\Gamma_Y$。于是，识别域从 $H[P(y)]$ 收缩至

$$H_1[P(y)]\equiv H_0[P(y)]\bigcap H_0[P(y)] \qquad (1.4)$$

前者假设与后者假设从形式上看，其不同之处在于，前者一定是不可驳斥的，而后者或许是可驳斥的。毕竟由于人们不能观察到数据缺失，所以限制 $P(y|z=0)$ 的假设是不可驳斥的。与之相比限制 $P(y)$ 的假设可能与可获得的实证证据不相容。如果 $H_0[P(y)]$ 与 $H[P(y)]$ 的交集为空集，那么人们应得出结论：$P(y)$ 并不位于集合 $H_0[P(y)]$ 内。

前面讨论是对整个结果数据分布的识别来展开讨论的。实证研究的常见目标是，针对这个分布的参数进行推断，例如，人们可能希望了解 y 的均值。将这样做看成是一种提取，设 $\tau(\cdot):\Gamma_Y\to T$ 表示将 Y 的概率分布映射到空间 T 的函数，同时考虑关于参数 $\tau[P(y)]$ 的推断问题。从而，只有实证证据是可利用时，关于 $\tau[P(y)]$ 的识别域才是

$$H\{\tau[P(y)]\}=\{\tau(\eta),\eta\in H[P(y)]\} \qquad (1.5)$$

并且如同上面所讨论的，已知分布假设，则有

$$H_1\{\tau[P(y)]\}=\{\tau(\eta),\eta\in H_1[P(y)]\} \qquad (1.6)$$

统计推断　由数据缺失所引起的根本问题是识别问题，所以做出如下假设从解析形式上看是非常方便的：人们知道可通过抽样过程来渐近地揭示分布，也就是 $P(y|z=1)$ 与 $P(z)$。当然，观测到有限样本为 N 的实证研究者必须研究统计推断和识别这些问题。我们在此处没有详述这些问题，只是想要指出：实证分布 $P_N(y|z=1)$ 与 $P_N(z)$ 分别几乎必然收敛到 $P(y|z=1)$ 与 $P(z)$。因此，识别域 $H[P(y)]$ 的一个自然而然的非参数估计是样本的类似形式

$$H_N[P(y)]\equiv[P_N(y|z=1)P_N(z=1)+\gamma P_N(z=0),\gamma\in\Gamma_\gamma] \qquad (1.7)$$

同时，$\{\tau(\eta):\eta \in H[P(y)]\}$ 的一个自然而然的非参数估计是 $\{\tau(\eta):\eta \in H_N[P(y)]\}$。而且，在存在分布假设条件下，样本的类似形式可能用于估计 $H_1[P(y)]$。

今后任务 总而言之，当数据由随机抽样生成，并且某些结果实现值是不可观测的时候，上述内容是识别的背景。首要任务是促使这个识别内容丰富起来，并且不断深入。

这一章余下内容是仅仅利用实证证据来研究识别。1.2 节和 1.3 节是针对感兴趣特殊参数阐述识别域：y 的实值函数的均值，还有遵从随机占优的一些参数。1.4 节将随机抽样的假设推广至那种可从多重抽样过程获得可利用数据的情况上，每一次都以随机方式抽取人，并且每一次均有某些数据缺失。1.5 节则将分析范围从数据缺失扩展到结果是区间测量值的情况上。

第 2 章阐明一大类运用工具变量来帮助识别结果数据分布的分布假设。这样一个假设是非常熟悉的假设：数据是以随机形式缺失的。另一个假设是：结果与工具变量是统计独立的。可是，另外一个假设则是，均值结果将随工具变量而单调变化。

如果条件事件总是可观测的，那么这里的分析与第 2 章内容均可立刻推广到关于条件结果数据分布的推断上。一个直接要求是，对感兴趣总体要重新定义成使条件事件成立的子总体。第 3 章考察结果数据与（或者）条件事件数据可能是缺失的时候，关于条件分布的统计推断。

1.2 均 值

设 $R \equiv [-\infty, \infty]$ 表示扩展的实直线。设 G 表示将 Y 映射到 R 的可测函数空间，而且达到其下界与上界，即 $g_0 \equiv \inf_{y \in Y} g(y)$ 与 $g_1 \equiv \sup_{y \in Y} g(y)$。因而，如果存在 $y_{0g} \in Y$，使得 $g(y_{0g}) = g_0$ 且存在 $y_{1g} \in Y$，使得 $g(y_{1g}) = g_1$，那么 $g \in G$。下界 g_0 可能是有限的，或者是 $-\infty$；类似地，g_1 可能是有限的，或者是 ∞。

假如关注问题是只利用实证证据来推断期望值 $E[g(y)]$，则由期望迭代定律可知

$$E[g(y)] = E[g(y)|z=1]P(z=1) + E[g(y)|z=0]P(z=0) \quad (1.8)$$

抽样过程渐近地揭示出 $E[g(y)|z=1]$ 与 $P(z)$。然而,关于 $E[g(y)|z=0]$,它却没有任何信息,它可以在区间 $[g_0, g_1]$ 内取任何值。因此,我们有下面简单而重要的结果:

命题 1.1 设 $g \in G$。已知仅有实证证据,则 $E[g(y)]$ 的识别域是下面闭区间

$$H\{E[g(y)]\} = [E[g(y)|z=1]P(z=1) + g_0 P(z=0),$$

$$E[g(y)|z=1]P(z=1) + g_1 P(z=0)] \quad (1.9)$$

如果函数没有达到其在 Y 上的下界(上界),那么只有将(1.9)右边的闭区间用下面(上面)为开的那种区间来代替之后,命题1.1仍然成立。

通过观察可以发现,$H\{E[g(y)]\}$ 是 $[g_0, g_1]$ 的真子集,从而不论数据缺失的概率 $P(z=0)$ 是否小于1,并且 g 具有有限值,$H\{E[g(y)]\}$ 都是含有信息的。识别域的宽度是 $(g_1 - g_0)P[z=0]$。因而,识别问题的精准程度直接随着数据缺失的概率 $P(z=0)$ 而变化。

当 $g_0 = -\infty$ 或者 $g_1 = \infty$ 时,情况就发生了变化。在前者情况下,识别域是一个尾部区间 $[-\infty, g_0 E[g(y)|z=1]P(z=1) + g_1 P(z=0)]$,而在后者情况下,则是 $[g_0 E[g(y)|z=1]P(z=1) + g_1 P(z=0), \infty]$。如果 g 既在左边又在右边均是无界的,那么识别域则为 $[-\infty, \infty]$。因而,对于推断无界随机变量的均值来说,有可信的先验信息是一个先决条件。

事件概率 命题1.1有许多应用。或许最深远的应用是如下的识别域,即对于 y 位于任意非空的、真的、可测集合 $B \subset Y$ 的概率所蕴含的识别域。设 $g_B(\cdot)$ 表示指示函数(indicator function,或示性函数,译者注),$g_B(y) \equiv 1[y \in B]$;也就是,当 $y \in B$ 时,$g_B(y) = 1$,否则,$g_B(y) = 0$。于是,$g_B(\cdot)$ 可达到其在 Y 上的下界与上界,这些值就是 0 与 1。另外,$E[g_B(y)] = P(y \in B)$ 而且 $E[g_B(y)|z=1] = P(y \in B|z=1)$。因此,由命题1.1可得下面推论:

推论 1.1.1 设 B 是 Y 的一个非空的、真的且可测子集。已知仅有实证证据,那么 $P(y \in B)$ 的识别域是闭区间,即

$$H[P(y \in B)] = [P(y \in B|z=1)P(z=1),$$

$$P(y \in B|z=1)P(z=1) + P(z=0)] \quad (1.10)$$

□

不论集合 B 是一个怎样的集合,这个区间的宽度都是 $P(z=0)$。此区间的位置会随着 B 而变化。特别地,当 $B' \subset B$ 时,则区间 $H[P(y \in B)]$ 向 $H[P(y \in B')]$ 右边收缩。

统计推断　关于 $E[g(y)]$ 识别域的一个自然而然的估计量是它的样本类似形式。如果人们以另一种可供选择的形式重新写出(1.9),即

$$H\{E[g(y)]\} = [E[g(y)z + g_0(1-z)], E[g(y)z + g_1(1-z)]] \quad (1.9')$$

则此估计量的抽样分布特别容易分析。(1.9')的样本类似形式是下面的区间

$$H_N\{E[g(y)]\} = [E_N[g(y)z + g_0(1-z)], E_N[g(y)z + g_1(1-z)]]$$

$$(1.11)$$

这将 $g(y)z + g_0(1-z)$ 的平均值与 $g(y)z + g_1(1-z)$ 的平均值联系起来。因此,对 $H_N[E(y)]$ 的抽样分布进行分析,构成了对两变量样本平均值的抽样分布进行分析的基本问题。

点估计与假设检验　遭遇数据缺失的实证研究者,通常将实证证据与分布假设相结合来得到感兴趣参数的点估计。这些分布假设可能正确,也可能不正确,所以从当前非参数观点来考察点估计是有趣的。

设 θ_N 表示利用样本量为 N 的样本所获得的 $[E(y)]$ 的点估计,并设 θ 表示它的概率极限。假设 θ 位于识别域 $H\{E[g(y)]\}$ 的外面。于是,$E[g(y)]$ 不可能等于 θ。因此,所做出的假设一定是错误的。

当然,这种明确的结论不可能从有限样本数据中得出。然而,人们可以将点估计 θ_N 与识别域估计 $H_N\{E[g(y)]\}$ 加以比较。这便建议如下形式的统计检验:当点估计 θ_N 充分地远离区间 $H_N\{E[g(y)]\}$ 时,则拒绝所做出的假设。

只有假设是可驳斥的时候,即从逻辑形式上 θ 可以位于识别域 $H\{E[g(y)]\}$ 的外面,这种检验才可应用。第 2 章将研究一系列假设,这些假设中有些是可驳斥的,有些则是不可驳斥的。[1]

1.3　遵从随机占优的参数

这一节推广命题1.1,具体地讲,从 y 的函数均值扩展至遵从随机占优的参数上。

遵从随机占优的参数（D 参数） 设 Γ_R 表示扩展实直线 R 上的概率分布空间。如果对于所有 $t \in R, F[-\infty, t] \leqslant F'[-\infty, t]$，则分布 $F \in \Gamma_R$ 随机地占优分布 $F' \in \Gamma_R$。每当 F 随机地占优 F'，如果 $D(F) \geqslant D(F')$，则扩展的实值函数 $D(\cdot): \Gamma_R \rightarrow R$ 遵从随机占优（是 D 参数的）。

D 参数的一些重要例子，包括实值随机变量的均值与分位数。分散程度参数比如方差或四分位数间距都不遵从随机占优。

于是，我们得到如下结果：

命题 1.2 设 $D(\cdot)$ 遵从随机占优。设 $g \in G, R_g \equiv [g(y), y \in Y]$ 表示 g 的值域集合，Γ_g 表示 R_g 上的概率分布空间。令 $\gamma_{0g} \in \Gamma_g$ 与 $\gamma_{1g} \in \Gamma_g$ 分别表示那种将全部质量分别置于 g_0 与 g_1 的退化分布。已知仅有实证证据，则 $D\{P[g(y)]\}$ 识别域的最小点与最大点分别是 $D\{P[g(y) | z = 1] P(z = 1) + \gamma_{0g} P(z = 0)\}$ 与 $D\{P[g(y) | z = 1] P(z = 1) + \gamma_{1g} P(z = 0)\}$。

□

证明 关于分布 $P[g(y)]$ 的识别域是

$$H\{P[g(y)]\} \equiv \{P[g(y) | z = 1] P(z = 1) + \gamma P(z = 0), \gamma \in \Gamma_g\} \quad (1.12)$$

考虑分布 $P[g(y) | z = 1] P(z = 1) + \gamma_{0g} P(z = 0)$，假定所有数据缺失取值 y_{0g}，以使 g 最小化。这个分布属于 $H\{E[g(y)]\}$，且被 $H\{E[g(y)]\}$ 的所有其他元素所随机地占优。类似地，$P[g(y) | z = 1] P(z = 1) + \gamma_{1g} P(z = 0)$ 属于 $H\{E[g(y)]\}$，同时随机地占优 $H\{E[g(y)]\}$ 的所有其他元素，从而得证。

证毕

命题 1.2 已经确定了关于 $D\{P[g(y)]\}$ 的准确下界与准确上界，但是并没有声称识别域是和这些界相联系的整个区间。命题 1.1 证明，如果 D 是期望参数，那么识别域就是这个区间。然而，如果 D 是遵从随机占优的另一种参数，那么区间可能包含不可行值。

当 $g(y)$ 是一个二值随机变量时，且 D 是 $P[g(y)]$ 的分位数时，就是一个特别简单的例子。分位数一定是值域集合 R_g 的元素。因此，$D\{P[g(y)]\}$ 不可能取区间 $[0, 1]$ 内点。

分位数 分位数是遵从随机占优的常见参数。对于 $\alpha \in (0,1), P[g(y)]$ 的 α 分位数是 $Q_\alpha[g(y)] \equiv \min t: \{P[g(y) \leqslant t] \geqslant \alpha\}$。命题 1.2 已经证明，

$Q_\alpha[g(y)]$ 的最小可行值是分布 $P[g(y)|z=1]P(z=1) + \gamma_{0g}P(z=0)$ 的 α 分位数,而最大可行值则是 $P[g(y)|z=1]P(z=1) + \gamma_{1g}P(z=0)$ 的 α 分位数。通过对这些量进行考察,可得下述引理:

推论 1.2.1 设 $\alpha \in (0, 1)$。对 $r(\alpha)$ 与 $s(\alpha)$ 如下定义

$$r(\alpha) \equiv \begin{cases} P[g(y)|z=1] \text{ 的}[1-(1-\alpha)/P(z=1)]\text{分位数}, P(z=1) > 1-\alpha \\ g_0, \text{其他} \end{cases}$$

$$s(\alpha) \equiv \begin{cases} P[g(y)|z=1] \text{ 的}[\alpha/P(z=1)]\text{分位数}, P(z=1) \geqslant \alpha \\ g_1, \text{其他} \end{cases}$$

关于 $Q_\alpha[g(y)]$ 的识别域上最小点与最大点就是 $r(\alpha)$ 与 $s(\alpha)$。

$\square$

通过观察可以发现,$r(\alpha)$ 与 $s(\alpha)$ 是 α 的弱递增函数,因此,当 α 变大时,$Q_\alpha[g(y)]$ 的识别域将向右移动。

对于 α 的任何值,当 $P(z=1) > 1-\alpha$ 并且 $P(z=1) \geqslant \alpha$ 时,一般地讲,上界 $s(\alpha)$ 与下界 $r(\alpha)$ 分别都是含有信息的。不管函数 g 是否存在有限值域,这样的说法是成立的。很明显,就推断分位数而言,数据缺失的含义截然不同于推断均值时数据缺失的含义。

D 参数之差的外界 有时候,关注参数是两个设定的 D 参数之差,也就是参数形式为 $\tau_{21}\{P[g(y)]\} \equiv D_2\{P[g(y)]\} - D_1\{P[g(y)]\}$。例如,四分位数间距 $Q_{0.75}[g(y)] - Q_{0.25}[g(y)]$ 是常见的对分布分散程度的测量。均值与中位数之差 $E[g(y)] - Q_{0.5}[g(y)]$ 是对偏斜度的测量。

通常,D 参数之差就不再是 D 参数。但是,命题 1.2 可用于获得这种差值的有信息价值外界(outer bounds)。$\tau_{21}\{P[g(y)]\}$ 的下界是命题的 $D_2\{P[g(y)]\}$ 下界减去其上界 $D_1\{P[g(y)]\}$;类似地,$\tau_{21}\{P[g(y)]\}$ 的上界是命题 $D_2\{P[g(y)]\}$ 的上界减去 $D_1\{P[g(y)]\}$ 的下界。

利用这种方式所获得的 $\tau_{21}\{P[g(y)]\}$ 的上界通常是不准确的;从而,称为外界。考虑如上对 $\tau_{21}\{P[g(y)]\}$ 所构建的下界。为使这个下界成为准确的,或许必须存在一个下面形式的数据缺失的分布,此数据缺失分布联合使得 $D_2\{P[g(y)]\}$ 达到它自身的准确下界,同时,使得 $D_1\{P[g(y)]\}$ 达到它自身的准确上界。不过,如果所有数据缺失取一个使 g 达到最小值的那个值 y_{0g},则

$D_2\{P[g(y)]\}$ 就会达到其自身的准确下界,同时如果所有数据缺失取一个使 g 达到最大值的那个值 y_{1g},则 $D_1\{P[g(y)]\}$ 就会达到其自身的准确上界。这两个要求和仅在退化情况所出现的彼此之间并不矛盾。

1.4　多重抽样过程组合

迄今为止,我们所做出的假设是:可利用数据是通过随机抽样而得到的,当 $z=1$ 时,y 是可观测的。这一节将此种分析推广到来自多重抽样过程的数据是可观测的情况上。每一次抽样过程都是以随机方式从总体 J 中抽取一些人,并且每一次抽样都会产生某些可观测的结果。在某些抽样过程条件下,是可观测的结果,而在另一些其他抽样过程条件下或许是缺失的。目标是要将由抽样过程所生成的数据组合起来,以此尽可能多地了解 $P(y)$。[2]

在调查研究中,经常出现将来自多重抽样过程的数据结合起来的可能性。对关注总体进行调查的一种方式是试图通过面对面采访调查对象,另一种方式是通过电话采访,或者通过邮件或电子邮件采访。每一种采访方式都可以产生其自身拥有的无响应模式。

$P(y)$ **的识别**　设 M 表示抽样过程的集合。对于每一个 $j \in J$,并且 $m \in M$,如果 y_j 在抽样过程 m 条件下是可观测的,则令 $z_{jm}=1$;否则,令 $z_{jm}=0$。对于每一个 $m \in M$,由全概率定律可得

$$P(y) = P(y|z_m=1)P(z_m=1) + P(y|z_m=0)P(z_m=0) \qquad (1.13)$$

抽样过程 m 渐近地揭示出可观测结果的分布 $P(y|z_{jm}=1)$,还有可观测性的分布,即 $P(z_m)$。因此

$$P(y) \in [P(y|z_m=1)P(z_m=1) + \gamma_m P(z_m=0), \gamma_m \in \Gamma_Y] \qquad (1.14)$$

抽样过程的集合共同地揭示出 $P(y)$ 位于(1.14)右边的分布集合之交集中。从而,我们得出下述命题:

命题 1.3　关于 $P(y)$ 的识别域是

$$H_M[P(y)] \equiv \bigcap_{m \in M} [P(y|z_m=1)P(z_m=1) + \gamma_m P(z_m=0), \gamma_m \in \Gamma_Y] \qquad (1.15)$$

$\square$

13

虽然命题 1.3 从形式上看似简单,但由于其太抽象而没有传递出更多的识别域的大小与形状方面的信息。推论 1.3.1 给出,当 |M| 为有限时识别域的另一种有用的特性。(a)部分证明,分布是 $P(y)$ 的可行值当且仅当 Y 的每一个可测子集上的概率不小于前面所计算出的下界。当 Y 为可数的时候,这个特性可进一步得到简化。于是,(b)部分证明,人们只需要考虑置于 Y 的每一个元素上的概率。由这个发现可得出,存在唯一的可行分布的充分必要条件,已由(c)部分给出。

推论 1.3.1 设 $H_M[P(y)]$ 由(1.15)给出,|M| 为有限的。设 $\eta \in \Gamma_Y$。对于每一个可测集合 $B \subset Y$,定义

$$\pi_M(B) \equiv \max_{m \in M} P(y \in B | z_m = 1) P(a_m = 1) \qquad (1.16)$$

(a)那么,$\eta \in H_M[P(y)]$ 当且仅当 $\eta(B) \geqslant \pi_M(B)$,对于 $\forall B \subset Y$;

(b)设 Y 是可数的,那么 $\eta \in H_M[P(y)]$ 当且仅当 $\eta(y) \geqslant \pi_M(y)$,对于 $\forall y \in Y$;

(c)设 Y 是可数的。令 $S_M \equiv \sum_{y \in Y} \pi_M(y)$。当 $S_M < 1$ 时,识别域 $H_M[P(y)]$ 包括了多重分布,而当 $S_M = 1$ 时,识别域 $H_M[P(y)]$ 包括唯一的分布。当 $S_M = 1$ 时,唯一可行分布是 $\eta_M(y) \equiv \pi_M(y)$,$\forall y \in Y$。

$\square$

证明 (a)设 $\eta \in H_M[P(y)]$。对于每一个 $m \in M$,存在分布 $\gamma_m \in \Gamma_Y$,使得 $\eta = P(y | z_m = 1) P(z_m = 1) + \gamma_m P(z_m = 0)$。因此,$\eta(B) \geqslant P(y \in B | z_m = 1) P(z_m = 1)$,对于 $\forall B \subset Y$。从而 $\eta(B) \geqslant \pi_M(B)$,$\forall B \subset Y$。

设 $\eta(B) \geqslant \pi_M(B)$,$B \subset Y$。令 $\gamma_m \equiv [\eta - P(y | z_m = 1) P(z_m = 0)] / P(z_m = 0)$。于是,$\gamma_m$ 是一个概率测度。此外,$\eta = P(y | z_m = 1) P(z_m = 1) + \gamma_m P(z_m = 0)$。从而 $\eta \in H_M[P(y)]$。

(b)(a)部分已经直接证明 $\eta \in H_M[P(y)] \Rightarrow \eta(y) \geqslant \pi_M(y)$,$\forall y \in Y$。设 $\eta(y) \geqslant \pi_M(y)$,$\forall y \in Y$。于是,对于所有 $B \subset Y$

$$\eta(B) = \sum_{y \in B} \eta(y) \geqslant \sum_{y \in B} \pi_M(y) \geqslant \pi_M(B) \qquad (1.17)$$

其中最后等式成立是因为 $\pi_M(\cdot)$ 是次可加的。从而,$\eta \in H_M[P(y)]$ 又一次利用了(a)部分。

(c)当 $S_M < 1$ 时,实证证据使 Y 的各个元素之间的概率质量的 $(1 - S_M)$ 分

配处于不确定的情形,因此 $H_M[P(y)]$ 包括了多重分布。

当 $S_M = 1$ 时,则 η_M 是概率测度。(b)部分已经证明了,$\eta_M \in H_M[P(y)]$。设 η 是一个满足如下条件的测度:$\eta(y) \geq \pi_M(y)$,$y \in Y$ 并且 $\eta(y) > \pi_M(y)$,对于某一个 $y \in Y$。于是,$\eta(y) > 1$,所以 η 不是概率测度。因此,η_M 是 $H_M[P(y)]$ 的唯一元素。

注意,η_M 与 π_M 截然不同,η_M 是次可加的,从而不是概率分布,也就是 $\eta_M(y) = \pi_M(y)$,对于 $y \in Y$,但是 $\eta(B) \geq \pi_M(B)$,对于 $B \subset Y$。

证毕

推论 1.3.1 已经证明,当 Y 为可数的时候,$H_M[P(y)]$ 的充分统计量是向量 $[\pi_M(y), y \in Y]$。我们立刻发现,$H_M[P(y)]$ 会随着 $[\pi_M(y), y \in Y]$ 增大而缩小。此外,我们可以测量 $H_M[P(y)]$ 的大小。如同(c)部分证明中所发现的那样,实证证据会使 Y 的各个元素之间概率质量的 $(1 - S_M)$ 分配处于不确定的情形,其中 $S_M \equiv \sum\limits_{y \in Y} \pi_M(y)$。因此,$H_M[P(y)]$ 的大小可由上确界范数(sup norm)来测量,即

$$\| H_M \|_{sup} = \sup_{(\eta, \eta') \in H_M \times H_M} \sup_{B \subset Y} |\eta(B) - \eta'(B)| = 1 - S_M \qquad (1.18)$$

对于已知的 $[P(y|z_m = 1), m \in M]$ 值,S_M 随着向量 $[P(z_m = 1), m \in M]$ 的增大而增大。在确定 S_M 时,对 $[P(y|z_m = 1), m \in M]$ 作用的洞察力可以从下面不等式来获得

$$S_M \equiv \sum_{y \in Y} \max_{m \in M} P(y = y|z_m = 1) P(z_m = 1)$$

$$\geq \max_{m \in M} \left[\sum_{y \in Y} P(y = y|z_m = 1) \right] P(z_m = 1)$$

$$= \max_{m \in M} P(z_m = 1) \qquad (1.19)$$

如果分布 $P(y|z_m = 1)$,$m \in M$ 的各个分布是相互相同的,(1.19)中的 S_M 下界就会达到,则 $H_M[P(y)] = H_{m^*}[P(y)]$,其中 $m^* \equiv \arg\max\limits_{m \in M} P(z_m = 1)$。因而,当所有抽样过程生成了 y 的相同可观测分布,则多重抽样过程组合至少是含有丰富信息的。

如果所有抽样过程都以随机方式从总体 J 中抽取现实值,那么事件 $S_M > 1$ 就不可能发生。如果 $S_M > 1$,满足(a)部分的测度 η 有 $\eta(Y) > 1$,从而不是概率测度。因此,$H_M[P(y)]$ 是空的。假如人们发现 $S_M > 1$,则应该得出如下结

15

论:这样的抽样过程不是以随机方式从 J 中抽取实现值。

遵从随机占优的参数　当 Y 是实直线的可数子集时,推论 1.3.1 蕴含着参数遵从随机占优的识别域的某些特性。推论 1.3.2 给出了这样的结果:(a)部分决定了任何 D 参数的识别域的端点;(b)部分关注于期望参数的一种重要特殊情况,并证明它的识别域是与(a)部分所确定端点有联系的闭区间。

推论 1.3.2　设 $H_M[P(y)]$ 是由(1.15)给出的,$|M|$ 为有限的。设 Y 是 R 的可数子集,并设 Y 包含其下界 $y_0 \equiv \inf_{y \in Y}$ 与上界 $y_1 \equiv \sup_{y \in Y}$。令 η_0 与 η_1 是 Y 上的概率分布,使得对于每一个 $y \in Y$ 有

$$\eta_0(y) = \pi_M(y),\text{当 } y > y_0 \text{ 时,并且 } \eta_0(y_0) = \pi_M(y_0) + (1 - S_M) \quad (1.20a)$$

$$\eta_1(y) = \pi_M(y),\text{当 } y < y_1 \text{ 时,并且 } \eta_1(y_1) = \pi_M(y_1) + (1 - S_M) \quad (1.20b)$$

(a)设 $D(\cdot)$ 遵从随机占优,那么 $H_M\{D[P(y)]\}$ 的最小元素与最大元素是 $D(\eta_0)$ 与 $D(\eta_1)$;

(b)闭区间

$$H_M[E(y)] = \left[\sum_{y \in Y} y\pi_M(y) + (1 - S_M)y_0, \sum_{y \in Y} y\pi_M(y) + (1 - S_M)y_1 \right]$$

$$(1.21)$$

是 $E(y)$ 的识别域。

□

证明　(a)推论 1.3.1 已经证明,$\eta \in H_M[P(y)]$ 当且仅当 $\eta(y) \geq \pi_M(y)$,对于 $\forall y \in Y$。由构造知,η_0 与 η_1 是 $H_M[P(y)]$ 的元素。实际上,η_0 是随机地被 $H_M[P(y)]$ 的所有元素所占优,而 η_1 随机地占优 $H_M[P(y)]$ 的所有元素。因此,$H_M\{D[P(y)]\}$ 的最小元素与最大元素就是 $D(\eta_0)$ 与 $D(\eta_1)$。

(b)期望参数遵从随机占优。因此(a)部分已经证明,$H_M[P(y)]$ 的最小元素与最大元素是 $\int y dP\eta_0$ 与 $\int y dP\eta_1$,这等于式(1.21)的右边区间的端点。对于任意 $\delta \in [0, 1]$,组合 $\delta\eta_0 + (1 - \delta)\eta_1$ 属于 $H_M[P(y)]$。从而,$H_M[P(y)]$ 是式(1.21)右边的整个区间。

证毕

1.5　结果的区间测量

结果数据缺失的现象可将极端观测状态并列加以比较：y 的每一个实现值或者是完全可观测的，或者根本不可观测。实证研究者有时遇到中间观测状态，具体地说，y 的实现值位于结果空间 Y 的真的且非单式子集上是可观测的。特别地，常见中间观测状态是实值结果的区间测量。

为了系统表述区间测量，设 Y⊂R。设每一个 $j \in J$ 具有三元组 $(y_{j-}, y_j, y_{j+}) \in Y^3$。设随机变量 $(y_-, y, y_+): J \to Y^3$ 具有分布 $P(y_-, y, y_+)$，使得

$$P(y_- \leqslant y \leqslant y_+) = 1 \tag{1.22}$$

设抽样过程以随机方式从 J 中抽取一些人。于是，我们得到结果的区间测量，如果 (y_-, y_+) 的实现值是可观测的，但 y 的实现值并不是可以直接观测的。（我们这里称 y 是不可以"直接"观测地涵盖了 $y_- = y_+$ 的可能性，其中有 (y_-, y_+) 的观测蕴含 y 的观测值情况。）

带有结果数据缺失的抽样是区间测量的特殊情况。设 $y_0 \equiv \inf\limits_{y \in Y}, y_1 \equiv \sup\limits_{y \in Y}$，当 $(y_- = y_+)$ 时，y 的实现值实际上是可观测的，而当 $(y_- = y_0, y_+ = y_1)$ 时，y 的实现值出现缺失。因此，带有结果数据缺失的抽样是 (1.22) 的特殊情况，其中

$$P(y_- = y_+) + P(y_- = y_0, y_+ = y_1) = 1 \tag{1.23}$$

对结果进行区间测量会产生那种遵从随机占优的参数的相当简单上界与下界。分布 $P(y_+)$ 是 $P(y)$ 的可行值，并随机地占优 $P(y)$ 的所有其他可行值，因此，$D[P(y_+)]$ 是 $D[P(y)]$ 的最大可行值。分布 $P(y_-)$ 是 $P(y)$ 的可行值，并且随机地被 $P(y)$ 的所有其他可行值占优；因此 $D[P(y_-)]$ 是 $D[P(y)]$ 的最小可行值。因而，我们得出下面命题 1.4：

命题 1.4　设 Y⊂R，令 (y_-, y_+) 是可观测值，并设 (1.22) 成立。设 D 遵从随机占优。已知仅有实证证据时，则 $D[P(y)]$ 的识别域中最小点与最大点是 $D[P(y_-)]$ 与 $D[P(y_+)]$。

□

补充1A　就业概率

这个补充内容阐述了用于说明推论1.1.1的一个实证例子。霍罗威茨和曼斯基(Horowitz and Manski, 1998)运用源自全国青年纵向调查(NL SY)数据来估计那些所调查总体的成员于1991年受雇佣的概率。所调查的总体是由1957年1月1日至1964年12月31日出生的,同时在1979年居住在美国的人构成。从1979年开始,全国青年纵向调查就定期地试图采访这个总体的一个随机样本,并对某些子总体给予增补样本(人力资源研究中心,1992)。这里就使用这样的随机样本数据。

在这个说明例子中,结果y表示在1991年采访的时间段个体的就业状况。1979年作为调查的基期年份,全国青年纵向调查试图采访由6 812名个体所组成的随机样本,并成功获得此样本成员的6 111名个体采访数据。在1991年,就业状况数据是基期年份所采访的6 111名个体中的5 556名个体为可利用数据。剩下的555名个体是无响应调查者,因为一些个体拒绝1991年所做的采访,而一些个体不回答1991年采访的就业状况问题。表1给出这些响应统计与频数,将各种不同的结果值报告出来。

表1.1　1991年NLSY调查回答者的就业状况

就业状态	回答者数量
就业的($y=2$)	4 332
失业的($y=1$)	297
丧失劳动力($y=0$)	927
曾受过采访的无回答	555
从未受采访的无回答	701
总数	6 812

下面讨论:首先利用这些频数来生成事件的实证概率,然后解释这些实证概率作为总体数量的有限样本估计。

考虑从未接受采访的样本成员,实证无回答率是$P(z=0) = 1\ 256/6\ 812 =$

0.184。研究者计算了最近几年纵向调查中对问题的无回答率,这经常是以基期年份样本成员接受采访此类事件为条件的。设这个事件用 BASE 表示,它总是可观测的。于是,1991 年"曾受过采访"对就业状况的无回答率是 $P(z = 0 \mid \text{BASE}) = 555/6\ 111 = 0.091$。

就回答 1991 年就业状况问题的 5 556 个体而言,其就业的实证概率是 $P(y = 2 \mid z = 1) = 4\ 332/5\ 556 = 0.780$。在无回答响应者范围内,就业概率可以取区间 $[0, 1]$ 内的任何值。因此,利用推论 1.1.1 可得出,下面关于总体与曾经受采访的实证就业概率 $P(y = 2)$ 与 $P(z = 2 \mid \text{BASE})$ 的识别域

$$P(y = 2) \in \left[(0.780)(0.816), (0.780)(0.816) + (0.184)\right] = [0.636, 0.826]$$

$$P(y = 2 \mid \text{BASE}) \in \left[(0.780)(0.909), (0.780)(0.909) + (0.091)\right]$$
$$= [0.709, 0.800]$$

抽样变异　这本书研究识别,但实证研究也要处理抽样变异。因而,我们现在考察上述所分析的实证概率作为相应总体数量的随机样本估计值。于是,抽样变异的影响可以借助于前面所获得的识别域上的置信区间来加以刻画。

霍罗威茨和曼斯基(1998)阐述了基于局部渐近理论的 Bonferioni 区间。[3]考察 $P(y = 2)$,识别域(1.10)可以被写成

$$H[P(y = 2)] = [P(y = 2, z = 1), 1 - P(y \neq 2, z = 1)]$$

这个区间的上界与下界的样本估计的渐近标准误差是

$$C_L = \{P(y = 2, z = 1)[1 - P(y = 2, z = 1)]/N\}^{1/2}$$

$$C_U = \{P(y \neq 2, z = 1)[1 - P(y \neq 2, z = 1)]/N\}^{1/2}$$

其中 $N = 6\ 812$ 表示样本容量。满足至少 0.95 水平的 Bonferioni 渐近联合置信区间是通过构建个体 97.5% 区域的交集来得到。这些区域分别是下界 $\pm (2.24) C_L$ 与上界 $\pm (2.24) C_U$ 的点估计。

用样本频率代替总体概率,可得

$$P(y = 2, z = 1) = 4\ 332/6\ 812 = 0.636$$

$$P(y \neq 2, z = 1) = 1\ 224/6\ 812 = 0.180$$

$$C_L = \left[(0.636)(1 - 0.636)(1/6\ 812)\right]^{1/2} = 0.005\ 8$$

$$C_U = \left[(0.180)(1 - 0.180)(1/6\ 812)\right]^{1/2} = 0.004\ 7$$

所以,估计的 Bonferioni 渐近 95% 联合区间是

$$0.636 \leqslant P(y=2) \text{ 的下界} \leqslant 0.649$$

$$0.810 \leqslant P(y=2) \text{ 的上界} \leqslant 0.831$$

类似地,可以计算以事件 BASE 为条件 Bonferioni 渐近联合区间是

$$0.696 \leqslant P(y=2 \mid \text{BASE}) \text{ 的下界} \leqslant 0.722$$

$$0.788 \leqslant P(y=2 \mid \text{BASE}) \text{ 的上界} \leqslant 0.811$$

与识别域的宽度相比,这些置信区间显得更加狭窄。因而,在利用 NLSY 数据推断有关 $P(y=2)$ 与 $P(y=2 \mid \text{BASE})$ 中,识别是占支配地位的问题;抽样变异则是次要的问题。除了当样本容量相当小时,或者回答率极为接近于 1 时,这个结论是成立的。

补充 1B 盲人摸象

盲人摸象这个古老的印度寓言故事,可作为将多重抽样过程得到的实证证据相结合的问题,其中每一次抽样都只是部分识别关注的总体分布。这则寓言的现代版本认同了推断问题,但是在其结论上不相同。

19 世纪,美国诗人约翰·戈弗雷·萨克斯在此重现这个故事,他悲观地得出结论:这六位爱争论的盲人未能认识到,每一位已经察觉到大象的不同特征。就另一种理解方式而言,这些盲人为了他们的共同利益而学会了综合各自的发现。例如,在为课堂准备使用的寓言形式时,正在听讲的酋长打断了这些盲人的谈话,酋长建议道:"大象是一个非常庞大的动物,每一个人只触摸到其一个部分。或许如果你们将其中的所有部分组合在一起,你们才会知道大象的真实情况。"[4]

酋长对大象的六个部分察觉发现可能揭示出动物的全部真相,所建议的也许是一种乐观主义,但是他已经意识到六个部分察觉发现所提供的信息,比其中任何一个部分都要更多些。研究人员的科研活动时常就像萨克斯诗歌中的爱争论的盲人一样,每一个人未能认识到他(或她)所观察到同一总体的不同特征。这些研究人员反而应该将他们各自研究所发现的内容组合起来,如同酋长所建议的那样。

盲人与大象

约翰·戈弗雷·萨克斯(1816—1887)

有六位印度斯坦人，

（虽然他们都是盲人）

学习起来非常用心，

他们走近大象触摸，

每一位的察觉发现，

都满意地记在心里。

第一位盲人走近大象，

正巧摸到大象身体侧面，

立刻开始大声喊叫道：

"天呀，大象宛如一堵高墙。"

第二位盲人触摸到大象的牙齿，

喊道："啊！这是什么？

非常圆滑又尖利

我对它十分清楚，

大象好似一根矛。"

第三位盲人走近大象，

恰好摸到大象的鼻子，

象鼻子在手中来回摆动，

因此大胆地正常说道：

"我明白了，

大象宛如一条蛇。"

第四位盲人急切地伸出手，

一把搂住摸到大象的大腿，

"大象好像什么呢?"

情况非常清楚了,他说道:

"大象好似一棵大树。"

第五位盲人刚好摸到耳朵,

高兴得意地肯定说道:

"哪怕是一个彻底的盲人,

都能辨清事实真相,

大象宛如一把扇子。"

第六位盲人稍迟一点开始,

恰好抓住了大象的尾巴,

尾巴来回地摆个不停,

在他的感觉认识范围内,

他说道:"我明白了

大象好似一条绳子。"

注　释

来源与历史评注

1.1 节和 1.2 节的基本思想是由曼斯基(1989)首先阐述的。后来曼斯基(1994),对此做出更为丰富的全面研究。推论 1.2.1 是曼斯基在不参考 D 参数条件下给出了直接证明。对命题 1.3 及其引理的重新解释与推广结果是由曼斯基(2003)提供的。命题 1.4 是在建立曼斯基和塔默(2002)命题 1 基础上而得出的。

遵从随机占优的一类参数是由霍罗威茨和曼斯基(1995)引入的,并由曼斯基(1997)做了进一步研究。随机变量均值的许多部分识别的结果很容易推广至这一类参数上,正如这本书自始至终所证明的。

正像曼斯基(1989,1995)所阐述的:我对带有数据缺失的推断所进行的探索产生于 1987 年春季由欧文·皮利埃文(Irving Piliavin)提出的具体探索。皮利埃文及其同事米希尔·索辛(Michael Sosin)于 1985 年 12 月在明尼阿波利斯(Minneapolis)对无家可归的 137 名个体样本进行了采访。在 6 个月之后,他们试图重新采访这些受调查者来测量关注的结果,但在原来位置只成功采访到 78 名个体。皮利埃文告诉我,他认为做出对第二次调查的无回答是随机的,这样假设是难以置信的。对无回答过程做出其他假设,他也会不舒适。他询问,在没有施加这类假设条件下,是否可能加以推断呢?

50 年前,就关于性行为的金西(Kinsey)报告中统计问题的研究而言,科克伦、莫斯特尔和图基(Cochran, Mosteller and Tukey, 1954,第 274 - 282 页)实际上使用引理 1.1.1 来表述无回答对金西报告的可能影响。然而,调查领域关于数据缺失的后续文献并没有深究这一思想,而宁愿施加可产生点识别的分布假设,比如利特尔和鲁宾(Little and Rubin,1987)的论文。我听说了科克伦在 20 世纪 90 年代早期的研究工作,并对他们为什么没有在仅利用实证证据条件下继续深究推断的思想而感到惊讶。我们发现,科克伦(1977)后来在实际应用中不再考虑将这种推断成为没有信息的内容。用符号 W_2 表示数据缺失的概率,他写到(第 362 页):"除非 W_2 相当小,否则无法容忍的事情实在苦不堪言的广泛。"科克伦在没有可使这些界限收缩变小的可信假设下研讨研究者应该继续探讨什么。

正文注释

1. 在仅利用实证证据条件下,对数据缺失通过补算(imputation)所获得的点估计是不可驳斥的。补算方法是对含有 y 的缺失实现值的每一个人都指派某一个从逻辑上看可能的值,比如说 y^*。运用这种方法,$E[g(y)]$ 可通过样本均值得到估计

$$\theta_N = \frac{1}{N} \sum_{i=1}^{N} g(y_i) z_i + g(y_i^*)(1 - z_i)$$

由强大数定律可知,θ_N 几乎必然收敛到

$$\theta \equiv E[g(y)|z=1] \cdot P(z=1) + E[g(y^*)|z=0] \cdot P(z=0)$$

这个 θ 必然位于 $H\{E[g(y)]\}$,但不一定等于 $E[g(y)]$。后者成立当且仅当 $E[g(y^*)|z=0] = E[g(y)|z=0]$。

2. 尽管存在众多研究涉及多重抽样过程组合的推断,但是这里所考察的部分识别问题以前却不曾讨论过。整合分析(meta - analysis,又称为元分析,译者注)的统计文献假定每一次抽样过程独立地点识别关注分布;比如说,关注的内容是以一种统计上有效方式将可利用数据来源加以结合起来。针对样本增广(sample augmentation)的计量经济研究考察如下情形:每一次抽样过程不完全地识别关注分布,但将合适的假设与多重抽样过程相结合可达到点识别,例如,参看谢、曼斯基、麦克法登(Hsieh, Manski and McFadden, 1985)以及希拉诺、因本斯、里德、鲁宾(Hirano, Imbens, Ridder and Rubin, 2001)。

3. 获得下界与上界对的联合置信区间的问题,已经由霍罗威茨和曼斯基(2000)做了更加完整地考察。在那里,我们针对部分识别的总体参数考察用既包含下界又包含上界的已知(渐近)概率来构建置信空间。我们研究形式为 $[L_N - z_{N\alpha}, U_N + z_{N\alpha}]$ 的区间,其中 N 表示样本容量,而 L_N 与 U_N 表示关于关注参数的下界 L 与上界 U 的估计值。对数值 $z_{N\alpha}$ 的选取是使得 $P(L_N - z_{N\alpha} \leq L, U \leq U_N + z_{N\alpha}) = 1 - \alpha$ 渐近地成立。一种得到 $z_{N\alpha}$ 的方法是从 (L_N, U_N) 的渐近分布解析表示式中推演得出。另一种得到 $z_{N\alpha}$ 的方法是运用自助法(bootstrap)。

4. 在万维网上,搜寻"盲人摸大象"可以发现许多不同版本的寓言故事。一个有酋长建议的故事是网址 www. peaceorps. gov/wws/guides/looking/story 22. html。

工具变量

2.1　分布假设与可信推断

当人们做出分布假设时,就是想使得仅利用实证证据所获得的识别域得以收缩变小。当研究者面对结果数据缺失时,通常会施加对结果数据分布 $P(y)$ 可以点识别的分布假设。当每一次随机抽样过程生成了可利用数据时,一种特别常见的做法是,假定可观测的结果与结果数据缺失拥有相同的分布,也就是

$$P(y) = P(y|z=0) = P(y|z=1) \qquad (2.1)$$

分布 $P(y|z=1)$ 可通过抽样过程揭示出来,所以 $P(y)$ 是点识别的。有人断言(2.1)不可能被证明是错误的,毕竟实证证据不能揭示 $P(y|z=0)$。

一个假设或许是不可驳斥的,但又不可信。断言(2.1)几乎必然成立的研究者会发现,很难判断这个假设正确与否?断言那些其他的点识别分析者时常遭遇到同样困难。对于这种情况,人们应该不必大惊小怪。对数据缺失的分布来说,实证证据根本就没有揭示什么内容。人们必须对假设做得相当强,以便从所有可能分布中挑选出一个。

在可信性与结论效力之间存在着一种基本张力,对此我们称之为可信性递减定律。仅利用实证证据进行推断,为使可信性最大化而会牺牲结论效力。涉及点识别分布假设的推断,为取得强有力的结论而会牺牲可信性。在这两种截然不同的

极端之间,存在着有关声称可使识别域 $H[P(y)]$ 收缩但却不至于缩小到一点的假设条件下,大量可能的中间模式推断。

这一章考察如下各种分布假设条件下的识别能力,即此分布假设可利用工具变量。有些这样的假设蕴含着点识别,而另一些其他假设则识别能力较弱,或许可信性更大些。为了简单起见,下面分析都假定每一次随机抽样过程生成了可利用数据,同时 y 的实现值要么是完全可观测的,要么全部缺失,还有工具变量的所有实现值是可观测的。当数据是来自多重抽样过程的时候,当结果的区间测量是可观测的时候,还有当工具变量的某些实现值出现缺失的时候,也可以运用工具变量的分布假设。

2.2 利用工具变量的某些假设

如同第 1 章那样,假定抽样过程以随机方式从总体 J 中抽取一些人,同时当 $z=1$ 时,则结果 y 是可观测的。此外,现在假定每一个人 j 可由空间 V 中的协变量 v_j 来刻画。设 $v: J \rightarrow V$ 表示将一些人映射到协变量的随机变量,并设 $P(y,z,v)$ 表示 (y,z,v) 的联合分布。假定 v 的所有实现值都是可观测的。v 的可观测性提供了一种工具,此工具可以有助于对结果数据分布 $P(y)$ 进行识别。因而,v 被称为工具变量(instrumental variable)。

抽样过程渐近地揭示分布 $P(z)$,$P(y,v|z=1)$ 以及 $P(v|z=0)$。关于条件分布 $[P(y|v=v,z=0), v \in V]$,抽样过程并没有提供任何信息。工具变量的存在本身并不能帮助识别 $P(y)$。然而,当与分布假设相结合之后,v 的可观测性或许是有用的。这一章考察六种诸如此类假设的识别能力。

2.3 节和 2.4 节在如下的假设条件下研究 $P(y)$ 的识别,这个假设断言各个随机变量 (y,z,v) 之间具有统计独立性的形式。2.3 节假定可观测结果与结果数据缺失拥有以 v 为条件的同样分布,也就是,结果是以 v 为条件的随机缺失(missing – at – random,缩写为 MAR)。

结果随机缺失(MAR 假设)

$$P(y|v) = P(y|v,z=0) = P(y|v,z=1) \tag{2.2}$$

2.4 节假定 y 与 v 是统计独立的,也就是**结果与工具变量的统计独立性(SI 假设)**

$$P(y|v) = P(y) \tag{2.3}$$

2.5 节研究在比 MAR 假设与 SI 假设更弱的假设条件下,实值函数 $g(y)$ 的期望 $E[g(v)]$ 的识别。首先,(2.2) 与 (2.3) 所声称的统计独立性的形式要分别弱于下面的均值独立性假设。**均值随机缺失(MMAR 假设)**

$$E[g(y)|v] = E[g(y)|v,z=0] = E[g(y)|v,z=1] \tag{2.4}$$

以及**结果与工具变量的均值独立性(MI 假设)**

$$E[g(y)|v] = E[g(y)] \tag{2.5}$$

其次,MMAR 假设与 MI 假设都弱于单调性假设**均值单调地缺失(MMM 假设)**

$$E[g(y)|v,z=1] \geq E[g(y)|v] \geq E[g(y)|v,z=0] \tag{2.6}$$

以及**结果与工具变量的均值单调性(MM 假设)**:设 V 表示一个有序集合

$$E[g(y)|v=v] \geq E[g(y)|v=v'], \forall (v,v') \in V \times V \text{ 使得 } v \geq v' \tag{2.7}$$

概括地看,存在六个分布假设,当某个结果数据是缺失的时候,这些假设为研究者提供了一系列利用工具变量帮助识别结果数据分布的方法。当然,打算运用工具变量的研究者应该关心这些假设与那些假设的可信性。实证研究者经常询问,在感兴趣的应用中某个可观测的协变量是不是"有效工具"。"有效工具"术语显得模糊,这是因为它关注的焦点在于用 v 起作用时的协变量。可信性并不取决于协变量本身,但取决于对分布 $P(y,z,v)$ 所做假设要得以满足。

为了简化表述,下面分析要假定协变量空间 V 是有限的,且 $P(v=v,z=1) > 0$,对于所有 $v \in V$。这些正则条件在没有做进一步说明下保持成立。

2.3　结果随机缺失

MAR 假设是点识别 $P(y)$ 的不可驳斥假设。现在证明命题 2.1。[1]

命题 2.1　设 MAR 假设成立,则 $P(y)$ 是点识别的,满足

$$P(y) = \sum_{v \in V} P(y|v=v,z=1) P(v=v) \tag{2.8}$$

MAR 假设是不可驳斥的。

□

证明 由全概率定律可得

$$P(y) = \sum_{v \in V} P(y \mid v = v) P(v = v) \tag{2.9}$$

MAR 假设表明

$$P(y \mid v) = P(y \mid v, z = 1) \tag{2.10}$$

将式(2.10)应用于式(2.9)可得出式(2.8)。由抽样过程可知,式(2.8)右边是点识别的,所以 $P(y)$ 是点识别的。MAR 假设是不可驳斥的,这是因为实证证据并没有揭示出 $P(y \mid v, z = 0)$ 的什么信息。 □

利用 MAR 假设的研究者必须设定工具变量 v,以使那个假设成立。假设(2.1)是 v 具有退化分布的一种特殊情况。正如那种情况一样,MAR 假设的可信性时常是一个颇具争议的话题。[2]

2.4　统计独立性

SI 假设具有与来自多重抽样过程的数据可观性相同的识别能力。对于工具变量来说,值空间 V 所起的作用与 1.4 节抽样过程的 M 集合的作用一样。命题 2.2 给出了基本结果,同时还有两个推论进一步丰富它。

命题 2.2　(a)设 SI 假设成立,则 $P(y)$ 的识别域是

$$H_{SI}[P(y)] = \bigcap_{v \in V} \{ P(y \mid v = v, z = 1) P(z = 1 \mid v = v) +$$

$$\gamma_v \cdot P(z = 0 \mid v = v), \gamma_v \in \Gamma_Y \} \tag{2.11}$$

(b)设集合 $H_{SI}[P(y)]$ 为空集,则假设就确实不成立。

　　　　　　　　　　　　　　　　　　　　　　　　　　　　□

证明　(a)一旦将式(1.2)应用于每一个条件分布 $P(y \mid v = v)$ 可得出仅利用实证证据所获得的这个分布识别域,也就是

$$H[P(y \mid v = v)] = [P(y \mid v = v, z = 1) P(z = 1 \mid v = v) +$$

$$\gamma_v \cdot P(z = 0 \mid v = v), \gamma_v \in \Gamma_Y] \tag{2.12}$$

此外,对于分布集合 $[P(y \mid v = v)]$ 来说,其识别域是一个笛卡儿积 $\times_{v \in V} H[P(y \mid v = v)]$。

SI 假设表明,分布 $P(y \mid v = v), v \in V$ 碰巧全部都等于 $P(y)$。因此,$P(y)$ 必

定位于 $\bigcap\limits_{v \in V} H[P(y \mid v = v)]$。这个交集中的任意一个分布都是可行的,所以 $H_{SI}[P(y)]$ 是识别域。

(b)如果 SI 假设成立,那么集合 $H_{SI}[P(y)]$ 必是非空的。因此,如果 $H_{SI}[P(y)]$ 是空的,那么此假设不能成立。

证毕

此命题(a)部分揭示了,SI 假设的识别能力范围从 $P(y)$ 的点识别至其根本没有能力,这取决于工具变量的特性。当存在一个 $v \in V$,使得 $P(z = 1 \mid v = v)$,则产生点识别,于是式(2.11)所取得交集中的集合是点元集。当 Y 是可数的时候,下面推论 2.2.1 将给出点识别的简单充要条件。

如果(a)z 与 v 是统计独立的,(b)y 与 v 是以事件 $\{z = 1\}$ 为条件统计独立的,也就是 $P(z \mid v) = P(z)$ 且 $P(y \mid v, z = 1) = P(y \mid z = 1)$,则 SI 假设没有任何识别能力。于是,$H[P(y \mid v = v)], v \in V$ 是与仅利用实证证据所获得的识别域是完全一样的。这表明,识别并不可能通过构建平凡的工具变量来达到,此工具变量是那种使用随机化策略对总体的每一个元素指派一个协变量值。由随机化策略所生成的协变量 v 必须与序对 (y, z) 是统计独立的。这样的协变量满足了 SI 假设,但却没有识别能力。

命题(b)部分揭示出:SI 假设是可驳斥的。如果 $H_{SI}[P(y)]$ 是空的,那么从逻辑上看此假设不可能成立。当然,$H_{SI}[P(y)]$ 的非空性并不意味着此假设是正确的。

通过观察可以发现:识别域 $H_{SI}[P(y)]$ 的结构与将来自多重抽样过程(参看命题 1.3)的数据组合起来所获得的识别域 $H_{SI}[P(y)]$ 的结构是相同的,其中这里 V 所发挥的作用与 M 的作用一样。因此,存在类似于推论 1.3.1 与 1.3.2 的工具变量。下面推论 2.2.1 与 2.2.2 给出了这些结果。具体证明类似于前面那两个推论的证明,故这里省略。

推论 2.2.1　设 SI 假设成立,令 $\eta \in \Gamma_Y$,对于 $B \subset Y$,定义

$$\pi_v(B) \equiv \max_{v \in V} P(y \in B \mid v, z = 1) P(z = 1 \mid v = v) \tag{2.13}$$

(a)于是,$\eta \in H_{SI}[P(y)]$ 当且仅当 $\eta(B) \geqslant \pi_v(B)$,$\forall B \subset Y$。

(b)设 Y 为可数的,那么 $\eta \in H_{SI}[P(y)]$ 当且仅当 $\eta(y) \geqslant \pi_v(y)$,$\forall y \in Y$。

(c)设 Y 为可数的,令 $S_V \equiv \sum\limits_{y \in Y} \pi_V(y)$。当 $S_V < 1$ 时,则 $H_{SI}[P(y)]$ 包含多

重分布；当 $S_V = 1$ 时，则 $H_{SI}[P(y)]$ 包含唯一分布；当 $S_V > 1$ 时，唯一可行分布是 $\eta_V(y) \equiv \pi_v(y), y \in Y$。当 $S_V > 1$ 时，则 SI 假设一定不成立。

□

推论 2.2.2　设 SI 假设成立，设 Y 是 R 的可数子集，并且 Y 包含下界 $y_0 \equiv \inf\limits_{y \in Y}$ 与上界 $y_1 \equiv \sup\limits_{y \in Y}$。令 η_0 与 η_1 是 Y 上的概率分布，使得对于每一个 $y \in Y$ 有

$$\eta_0(y) = \pi_v(y)，当 y > y_0 \text{ 并且 } \eta_0(y_0) = \pi_v(y_0) + (1 - S_v) \quad (2.14a)$$

$$\eta_1(y) = \pi_v(y)，当 y < y_1 \text{ 并且 } \eta_1(y_1) = \pi_v(y_1) + (1 - S_v) \quad (2.14b)$$

（a）设 $D(\cdot)$ 遵从随机占优，那么 $H_{SI}\{D[P(y)]\}$ 的最小元与最大元是 $D(\eta_0)$ 与 $D(\eta_1)$。

（b）闭区间

$$H_{SI}[E(y)] = \left[\sum_{y \in Y} y\pi_v(y) + (1 - S_v)y_0, \sum_{y \in Y} y\pi_v(y) + (1 - S_v)y_1\right] \quad (2.15)$$

是 $E(y)$ 的识别域。

□

2.5　均值独立性与均值单调性

这一节研究结果为实值函数的期望值的识别问题。此处所考虑的分布假设比 MAR 与 SI 假设都弱一些。对于这一节内容来说，$g(\cdot)$ 自始至终表示能达到上界与下界的实值函数。

均值独立性　MMAR 假设与 MI 假设要弱于 MAR 与 SI 假设所声称的统计独立性形式，这对应于均值独立性的形式。MMAR 假设是一个可以点识别 $E[P(y)]$ 的不可驳斥假设，MI 假设是一个可驳斥假设。一般地讲，会收缩到仅利用实证证据所获得的识别域，可是只有在特殊情况下才会点识别 $E[P(y)]$。命题 2.3 和命题 2.4 将给出这方面的结果。

命题 2.3　设 MMAR 假设成立，则 $E[P(y)]$ 是点识别的，满足

$$E[g(y)] = \sum_{y \in Y} E[g(y) | v = v, z = 1]P(v = v) \quad (2.16)$$

MMAR 假设是不可驳斥的。

□

证明 由期望迭代定律可得

$$E[g(y)] = \sum_{y \in Y} E[g(y) | v] P(v = v) \qquad (2.17)$$

MMAR 假设表明

$$E[g(y) | v] = E[g(y) | v, z = 1] \qquad (2.18)$$

将(2.18)应用于(2.17)得出(2.16)。由抽样过程可知,(2.16)的右边是点识别的,所以 $E[P(y) | v, z = 0]$ 是点识别的。MMAR 假设是不可驳斥的,这是因为实证证据并没有揭示 $E[P(y)]$ 的什么内容。

证毕

命题 2.4 (a)设 MI 假设成立,则闭区间

$$H_{MI}\{E[P(y)]\} = [\max_{v \in V} E[g(y)z + g_0(1 - z) | v = v],$$
$$\min_{v \in V} E[g(y)z + g_1(1 - z) | v = v]] \qquad (2.19)$$

是 $E[P(y)]$ 的识别域。

(b)设 $H_{MI}\{E[P(y)]\}$ 是空的,则 MI 假设一定不成立。

□

证明 (a)仅利用实证证据,将式(1.9′)应用于每一个条件期望 $E(g(y) | v = v), v \in V$,可得出它的识别域,也就是闭区间

$$H\{E[g(y) | v = v]\} = [E[g(y)z + g_0(1 - z)v = v], E[g(y)z + g_1(1 - z) | v = v]] \qquad (2.20)$$

此外,$\{E[g(y) | v = v], v \in V\}$ 的识别域是 $|V|$ 维的矩阵 $\times_{v \in V} H\{E[g(y) | v = v]\}$。

MI 假设表明,期望 $E[g(y) | v = v], v \in V$ 都是相同的,并等于 $E[P(y)]$。因此,$E[P(y)]$ 必位于 $\bigcap_{v \in V} H\{E[g(y) | v = v]\}$。在此集合中的任何值是可行的,所以 $H_{MI}\{E[P(y)]\}$ 是识别域。

(b)如果 MI 假设成立,则集合 $H_{MI}\{E[P(y)]\}$ 一定是非空的。因此,如果 $H_{MI}\{E[P(y)]\}$ 是空的,则 MI 假设不能成立。

证毕

如同讨论 SI 假设一样,MI 假设的识别能力可以从点识别到根本没有任何能力,这取决于工具变量的性质。如果存在一个 $v \in V$,使得 $P[z = 1 | v = v]$,$E[P(y)]$ 就是点识别的,那么 $E[P(y)] = E[P(y) | v = v]$。如果组对 (y, z) 与 v

是统计独立的,那么就没有识别能力。从而,$H_{MI}\{E[P(y)]\} = H\{E[P(y)]\}$。

均值单调性　尽管和统计独立性相比,均值独立性是更弱一些的性质,但实证研究者经常会发现,均值独立性的断言还是因为太强而不可信。因此,有理由探寻可否以增进可信性的方式来减弱 MMAR 假设与 MI 假设,同时保持某种识别能力。这样做的一种简单方式是,将式(2.4)与式(2.5)中的等式改变为式(2.6)与式(2.7)中的不等式。

以这种方式来减弱 MMAR 假设,可以得到 MMM 假设。MMM 假设声称,对于 v 的每一个实现值,当 y 是可观测的时候,$g(y)$ 的平均值是大于的,而当 y 是缺失的时候,$g(y)$ 的平均值是相等的(当将此假设应用于函数 $-g(y)$,就得到不等式方向相反情况)。以这种方式来减弱 MI 假设,可以得到 MM 假设,MM 假设假定集合 V 有一个前序集。命题 2.5 与命题 2.6 刻画了这些单调性假设的识别能力。

命题 2.5　设 MMM 假设成立,则 $E[P(y)]$ 的识别域是如下闭区间

$$H_{MMM}\{E[P(y)]\} = [E[g(y)|z=1]P(z=1) + g_0 P(z=0),$$

$$\sum_{v \in V} E[g(y)|v=v, z=1]P(v=v)] \qquad (2.21)$$

MMM 假设是不可驳斥的。　　　　　　　　　　　　　　　　　　　□

证明　设 $v \in V$,在 MMM 假设条件下,$E[g(y)|v=v,z=0]$ 的识别域是下面的闭区间

$$H_{MMM}\{E[g(y)|v=v,z=0]\} = [g_0, E[g(y)|v=v,z=1]] \qquad (2.22)$$

此外,关于 $\{E[g(y)|v=v,z=0], v \in V\}$ 的联合识别域是 $|V|$ 维的矩形 $\times_{v \in V} H_{MMM}\{E[g(y)|v=v,z=0]\}$。由期望迭代定律可得

$$E[g(y)] = \sum_{v \in V} E[g(y)|v=v,z=1]P(v=v,z=1) +$$

$$E[g(y)|v=v,z=0]P(v=v,z=0) \qquad (2.23)$$

将(2.22)应用于(2.23),可得出(2.21)。MMM 假设是不可驳斥的,这是因为实证证据没有揭示出 $\{E[(g(y)|v=v,z=0], v \in V\}$ 什么内容。

证毕

命题 2.6　(a)设 V 是一个有序集。若 MM 假设成立,则 $E[g(y)]$ 的识别域是闭区间

$$H_{MM}\{E[g(y)]\} = [\sum_{v \in V} P(v=v)\{\max_{v' \leqslant v} E[g(y)z + g_0(1-z) \mid v=v']\},$$

$$\sum_{v \in V} P(v=v)\{\min_{v' \geqslant v} E[g(y)z + g_1(1-z) \mid v=v']\}]$$

$$(2.24)$$

（b）设 $H_{MM}\{E[g(y)]\}$ 是空的，则 MM 假设一定不成立。

□

证明　（a）命题 2.4 的证明表明，仅利用实证证据，关于期望 $\{E[g(y) \mid v=v], v \in V\}$ 的识别域是 $|V|$ 维矩形 $\times_{v \in V} H\{E[g(y) \mid v=v]\}$。在 MM 假设下，点 $d \in R^v$ 属于 $\{E[g(y) \mid v=v], v \in V\}$ 的识别域，当且仅当 d 是这个矩形的元素，d 的组成元素 $(d_1, d_2, \cdots, d_{|v|})$ 形成一个弱的递增序列。将这一内容应用于期望迭代定律（2.17），可得出（2.24）。

（b）如果 MM 假设成立，则集合 $H_{MM}\{E[g(y)]\}$ 必定是非空的。因此，如果 $H_{MM}\{E[g(y)]\}$ 是空的，则 MM 假设可能不成立。

证毕

命题 2.5 已经证明，在 MMM 假设条件下，$E[g(y)]$ 的识别域是仅利用实证证据所获得的识别域的右截取子集。$E[g(y)]$ 的最小可行值是与仅利用实证证据所获得的识别域的最小可行值相同的。$E[g(y)]$ 的最大可行值是在 MMAR 假设条件下 $E[g(y)]$ 将会取到的值。

命题 2.6 证明了，在 MM 假设条件下，识别域是仅利用实证证据所获得的识别域的一个子集，并且是在 MI 假设条件下所获得的识别域的一个超集（superset）。MM 假设的识别能力取决于区域 $\{H\{E[g(y) \mid v=v]\}, v \in V\}$ 怎样随 v 而变化。当 v 增大时，如果这个区间序列移向左边或右边，则出现极端可能性。在前者情况下，在 MM 假设条件下，所得出的识别域与在 MI 假设条件下所得出的识别域是相同的。在后者情况下，MM 假设没有任何识别能力。

2.6　其他利用工具变量的某些假设

这一章考察了当工具变量是可观测的时候，有助于对结果数据分布进行识别的一些假设。当人们将 SI 假设减弱至 MI 假设,然后至 MM 假设,每一个后续的假设的可信程度都更强一些,但其识别能力却越来越弱。

人们很容易考虑在可信性与识别能力之间做出各种不同权衡的其他一些假设。例如,MI 假设不仅可能减弱至 MM 假设中所声称的单调性,而且还可减弱至"近似"均值独立性的某种形式。一种对此进行系统描述的方式是断言,对于所有二元组对 $(v, v') \in V \times V$

$$\| E[g(y) | v = v'] - E[g(y) | v = v] \| \leqslant C \tag{2.25}$$

其中 $C > 0$ 表示某个特定常数。回顾,仅利用实证证据将期望的向量 $E[g(y) | v]$ 限制成 $|V|$ 维矩形 $\times_{v \in V} H\{E[g(y) | v = v]\}$。关系式 (2.25) 进一步地将 $E[g(y) | v]$ 限制成 $R^{|v|}$ 中满足特定的线性不等式。

利用另一种方式,MI 假设可能减弱至零协方差假设

$$E[g(y) \cdot v] - E[g(y)] E(v) = 0 \tag{2.26}$$

这可以写成

$$\sum_{v \in V} P(v = v)[v - E(v)] E[g(y) | v = v] = 0 \tag{2.27}$$

实证证据就可点识别 $E(v)$。从而,式 (2.27) 建立了 $E[g(y) | v]$ 的各个元素之间的线性约束。

补充 2A　带有无回答权重的估计

某些组织进行重要调查,当出现数据缺失时,通常会公开发表公共数据文件,以此提供用于估计结果数据分布的均值与其他参数的无回答权重。对于无回答权重,一种标准构建方法是假定存在工具变量 v。如果 MMAR 假设成立用来推断,总体均值 $E[g(y)]$ 的这种权重的标准运用会产生一致估计,否则就得不到一致估计。因此,考虑运用无回答权重的实证研究者需小心谨慎。

权重样本平均值　假定从总体 J 中抽取一个样本量为 N 的随机样本。设 $N(1)$ 表示那种 $z = 1$ 的样本元素,N_1 表示 $N(1)$ 的基数。令 $s(v) : V \to [0, \infty)$ 表示权重函数。考虑利用权重样本均值对 $E[g(y)]$ 进行估计

$$\theta_N \equiv \frac{1}{N_1} \sum_{i \in N(1)} s(v_i) \cdot g(y_i)$$

由强大数定律,$\lim\limits_{N\to\infty}\theta_N =_{a.s.} E[s(v)\cdot g(y)|z=1]$。

由调查组织所提供的标准权重有如下形式

$$s(v) = \frac{P(v=v)}{P(v=v|z=1)}, v\in V$$

利用这些权重,可得

$$E[s(v)\cdot g(y)|z=1] = \sum_{v\in V} E[s(v)\cdot g(y)|v=v,z=1]\cdot P(v=v|z=1)$$

$$= \sum_{v\in V} E[g(y)|v=v,z=1]\cdot P(v=v)$$

$$= \sum_{v\in V} E[g(y)|v=v,z=1]\cdot P(v=v|z=1)\cdot P(z=1) +$$

$$\sum_{v\in V} E[g(y)|v=v,z=1]\cdot P(v=v|z=0)\cdot P(z=0)$$

$$= E[g(y)|z=1]\cdot P(z=1) +$$

$$\sum_{v\in V} E[g(y)|v=v,z=1]\cdot P(v=v|z=0)\cdot P(z=0)$$

如果 MMAR 假设成立,则此方程的右边等于 $E[g(y)]$,否则方程的右边不等于 $E[g(y)]$。

注 释

我们对利用工具变量研究假设的识别能力开始于命题 2.4,这是由曼斯基(1990)引入的,后来曼斯基(1994,命题6)做了更进一步的发展。命题 2.5 与命题 2.6 中的单调性思想建立在曼斯基和佩珀(Manski and Pepper, 2000,命题1)的论文基础上。

"工具变量"术语归功于雷耶尔索(Reiersol,1945),他和他那个时代的其他经济计量学家一起研究了线性结构方程组的识别。戈德伯格(1972)回顾了这方面的文献,将用工具变量识别线性结构方程组追溯到赖特(Wright, 1928)。现代经济计量学研究运用工具变量来讨论这个问题以及许多其他识别问题。然而,实际应用总是断言充分强的假设,以此产生关注变量的点识别。

考察经济学领域某个发展史会揭示出有关的内容。一直到 20 世纪 70 年代早期,面对结果数据缺失的实证研究者基本上总是使用假设(2.1),尽管时常并没有以明显方式加以讨论。在那个时代,当研究者观察到,在许多经济背景设置下,由关于 y 的那些观察值称为缺失的过程与 y 的值是有联系的时候,这个假设的可信性明显地受到怀疑,参看格罗诺(Gronau, 1974)。随后,经济计量学家发展出一系列数据缺失的模型,这些模型不再断言式(2.1),而是利用工具以及将分布 P(y, z)的形状限制成点识别 P(y);例如,参看赫克曼(1976)以及马达拉(Maddala, 1983)。这些研究成果起初曾得到广泛热烈的反响,但是方法论的探索立刻显示,所施加假设上的不是很重要的变动好像都会产生 P(y)的隐含值上出现大的改变;例如,参看阿拉马泽和施密特(Arabmazar and Schmidt,1982)、戈德伯格(1983)以及赫德(Hurd, 1979)。

正文注释

1.命题 2.1 一直是广为人知的,以至于不清楚何时产生了这个想法。在调查抽样文献中,这个命题提供了建立抽样权重的基础,目的是在有数据缺失情况下能实施总体推断,参看补充 2A。鲁宾(1976)引入了"随机缺失"术语。在应用计量经济学的研究领域中,假设(2.1)有时被称为基于"可观测的选择",参看菲茨杰拉德、戈特沙尔克、莫菲特(Fitzgerald, Gottschalk and Moffitt, 1998 年,第ⅢA 节)对此概念的历史和术语的讨论。

2.实证研究者有时断言,当工具变量将总体分割成越是精细的子总体时,则 MAR 假设就越是可信的。也就是,如果 v_1 与 v_2 是备选的变量工具的另一种设定,并且 $P(v_1 \mid v_2)$ 退化,则研究者可以断言,v_2 是比 v_1 更为可信的工具变量。不幸的是,这个声称典型地断言只不过是空洞的陈述:和 v_1 相比,v_2"控制着"数据缺失的更多决定因素所支持。原则上,MAR 假设可能对 v_1 与 v_2 均成立,可能对两者之一成立,或两者没有一个成立。

带有数据缺失的条件预测

3.1 以协变量为条件的结果预测

对于绝大多数的统计应用来说,目的就是预测以协变量为条件的结果。假定总体 J 的每一个元素 j 在空间 Y 中有一个结果 y_j,在空间 X 中有协变量 x_j,设随机变量 $(y,x):J→Y×X$ 具有分布 $P(y,x)$。用一般术语来讲,目标是了解认知条件分布 $P(y|x=x),x∈X$。特殊目标则可能是了解认知条件期望 $E(y|x=x)$,条件中位数 $M(y|x=x)$ 或以某个事件 $\{x=x\}$ 为条件的 y 的另一种点预测式。

这一章研究当抽样过程以随机方式从 J 中抽取一些人员时,并且 (y,x) 的实现值可能是全部可观测的、部分可观测的或者根本不可观测时的预测可行性。两个二值随机变量 (z_y,z_x) 现在表示可观测性,当 $z_y=1$ 时,则 y 的实现值是可观测的,当 $z_y=0$ 时,则 y 的实现值是不可观测的;当 $z_x=1$ 时,则 x 的实现值是可观测的,当 $z_x=0$ 时,则 x 的实现值是不可观测的。抽样过程就是揭示分布 $P(z_y,z_x),P(y,x|z_y=1,z_x=1),P(y|z_y=1,z_x=0)$ 以及 $P(x|z_y=0,z_x=1)$。问题是运用这个实证证据来推断 $P(y|x=x),x∈X$。

在实际应用中,实证研究者可能面对数据缺失的复杂形式,一些样本可能带有结果数据缺失,某些样本可能带有缺失

协变量数据,而另一些样本可能带有联合的结果数据缺失与协变量。不过,一种启发性探究方式是研究关键性情况,此情况是所有数据缺失都具有相同类型。3.2节简要地回顾了仅有结果数据为缺失的情况,这里 $P(z_x=1)=1$。3.3 节研究了当带有数据缺失的所有样本元素出现结果与协变量联合缺失的推断;此处,$P(z_y=z_x=1)+P(z_y=z_x=0)=1$。3.4 节假定仅有协变量数据是缺失的,所以 $P(z_y=1)=1$。运用从这样关键性情况所获得的认知,3.5 节考察数据缺失的一般形式。从 3.2 节至 3.5 节自始至终关注的目标是在给定 $x\in X$ 处,估算分布 $P(y|x=x)$。3.6 节探讨关于条件分布 $[P(y|x=x),x\in X]$ 的集合的联合推断。

为了简化表述,我们在这一章自始至终地假定:结果或协变量的实现值要么是完全可观测的,要么是整个全部缺失。因而,我们的确不考虑 (y,x) 的区间测量或者协变量的部分可观测性,x 的实现值有一些可观测的成分,而另外一些则没有可观测的成分。我们还要假定协变量空间 X 是有限的,同时对于所有 $x\in X,P(x=x,z_x=1)>0$。在没有进一步说明的条件下,这些正规性条件均得以成立。

3.2　结果数据缺失

第 1 章和第 2 章研究了当 y 的某些实现值可能出现缺失的时候,边缘分布 $P(y)$ 的识别。如果 x 的实现值总是可观测的,那么可将前面所得到的结论立刻应用于 $P(y|x=x)$。一种简单方法是需要将关注总体重新定义为那些满足 $\{x=x\}$ 的 J 的子总体。于是由式(1.2)可得,仅利用实证证据的识别域是

$$H[p(y|x=x)] = [P(y|x=x,z_y=1)P(z_y=1|x=x) + $$
$$\gamma P(z_y=0|x=x), \gamma\in\Gamma_Y] \tag{3.1}$$

类似地,如果所有分布取决于事件 $\{x=x\}$,同时用 z_y 代替 z 的全部事件,那么第 1 章和第 2 章所得出的其他研究成果仍然成立。

3.3　联合结果数据缺失与协变量

在调查研究中,结果与协变量联合缺失是一件常事。当样本成员拒绝进行采访或调查人员没有联系上时,(y,x) 的实现值可能出现整个缺失。当一些结果出现缺失,而且目标是了解认识形式 $P(y|y \in B)$ 的分布时,其中 $B \subset Y$,也会发生联合缺失性。当结果 y 是不可观测的,条件事件 $\{y \in B\}$ 就一定是不可观测的。

原则上,当 (y,x) 实现值出现联合缺失时,可将 $P(y|x=x)$ 的识别当成 1.1 节所建立的结果数据缺失问题的一个例子。设关注结果是 (y,x),而不只是 y,$\Gamma_{Y \times X}$ 表示 $Y \times X$ 上的所有概率分布的空间。当 $z_y = z_x = 1$ 时,则令 $z_{yx} = 1$,否则令 $z_{yx} = 0$。于是,由式(1.2)可得联合分布 $P(y,x)$ 的识别域,也就是

$$H[P(y,x)] = [P(y,x|z_{yx}=1)P(z_{yx}=1) + \gamma P(z_{yx}=0), \gamma \in \Gamma_{Y \times X}] \quad (3.2)$$

现在令 $\tau(\cdot): \Gamma_{Y \times X} \to \Gamma_Y$ 表示将 $P(y,x)$ 映射到分布 $P(y|x=x)$ 的函数。由式(1.5)可得

$$H[P(y|x=x)] = \{\tau(\eta), \eta \in H[P(y,x)]\} \quad (3.3)$$

类似地,倘若施加分布假设,则可应用式(1.6)。因而,第 1 章和第 2 章所得出的全部成果,原则上可用于探究当 (y,x) 实现值出现联合缺失时 $P(y|x=x)$ 的识别问题。

仅仅利用实证证据的识别　尽管式(3.2)与式(3.3)大体上刻画了识别域 $H[P(y|x=x)]$,但是这两个式子并没有提供通俗易懂的说明。下面命题 3.1 直接证明了识别域具有简单的结构。

命题 3.1　设 $P(z_y = z_x = 1) + P(z_y = z_x = 0) = 1$,则

$$H[P(y|x=x)] = \{P(y|x=x, z_{yx}=1)r(x) + \gamma[1 - r(x)], \gamma \in \Gamma_Y\}$$

$$\quad (3.4a)$$

其中

$$r(x) \equiv \frac{P(x=x|z_{yx}=1)P(z_{yx}=1)}{P(x=x|z_{yx}=1)P(z_{yx}=1) + P(z_{yx}=0)} \quad (3.4b)$$

$\square$

39

证明 由全概率定律可得

$$P(y|x=\mathrm{x}) = P(y|x=\mathrm{x},z_{yx}=1)P(z_{yx}=1|x=\mathrm{x}) +$$

$$P(y|x=\mathrm{x},z_{yx}=0)P(z_{yx}=0|x=\mathrm{x}) \tag{3.5}$$

对于 $i=0$ 或 1,由贝叶斯定律可得

$$P(z_{yx}=\mathrm{i}|x=\mathrm{x}) = \frac{P(x=\mathrm{x}|z_{yx}=\mathrm{i})P(z_{yx}=\mathrm{i})}{P(x=\mathrm{x}|z_{yx}=1)P(z_{yx}=1) + P(x=\mathrm{x}|z_{yx}=0)p(z_{yx}=0)}$$

$$\tag{3.6}$$

将(3.6)代入(3.5)可得

$$P(y|x=\mathrm{x}) =$$

$$P(y|x=\mathrm{x},z_{yx}=1) \frac{P(x=\mathrm{x}|z_{yx}=1)P(z_{yx}=1)}{P(x=\mathrm{x}|z_{yx}=1)P(z_{yx}=1) + P(x=\mathrm{x}|z_{yx}=0)P(z_{yx}=0)} +$$

$$P(y|x=\mathrm{x},z_{yx}=0) \frac{P(x=\mathrm{x}|z_{yx}=0)P(z_{yx}=0)}{P(x=\mathrm{x}|z_{yx}=1)P(z_{yx}=1) + P(x=\mathrm{x}|z_{yx}=0)P(z_{yx}=0)}$$

$$\tag{3.7}$$

考虑式(3.7)的右边,这个抽样过程识别了 $P(z_{yx})$, $P(x=\mathrm{x}|z_{yx}=1)$ 以及 $P(y|x=\mathrm{x},z_{yx}=1)$。但是,却没有提供关于 $P(x=\mathrm{x}|z_{yx}=0)$ 与 $P(y|x=\mathrm{x},z_{yx}=0)$ 的任何信息。因此,关于 $P(y|x=\mathrm{x})$ 的识别域是

$$H[P(y|x=\mathrm{x})] = \bigcup_{\mathrm{p}\in[0,1]} \{P(y|x,z_{yx}=1) \frac{P(x=\mathrm{x}|z_{yx}=1)P(z_{yx}=1)}{P(x=\mathrm{x}|z_{yx}=1) + \mathrm{p}P(z_{yx}=0)} +$$

$$\gamma \frac{\mathrm{p}P(z_{yx}=0)}{P(x=\mathrm{x}|z_{yx}=1)P(z_{yx}=1) + \mathrm{p}P(z_{yx}=0)}, \gamma\in\Gamma_Y\}$$

$$\tag{3.8}$$

对于每一个 $\mathrm{p}\in[0,1]$,括号里面的分布是 $P(y|x=\mathrm{x},z_{yx}=1)$ 与 Y 上的任意分布的混合形式。当 p 从 0 至 1 变得越来越大时,混合形式分布集合便增大。因此,令 $\mathrm{p}=1$ 就够了。从而,得出(3.4)。

证毕

当仅有 y 的实现值为缺失的时候,将所获得的式(3.1)与式(3.4)中关于 $P(y|x=\mathrm{x})$ 的识别域进行比较,这样做是非常有意思的。这两个识别域具有相同形式,此处 $r(\mathrm{x})$ 要用那里的 $P(z=1|x=\mathrm{x})$ 来代替。$r(\mathrm{x})$ 这个量是 $P(z_{yx}=1|x=\mathrm{x})$ 的最小可行值,并且是通过推测所有协变量缺失实现均有 x 值而得到的。

因而,(y,x) 的联合缺失性加重了仅由 y 的缺失性所产生的识别问题。

联合缺失性加重了识别问题的程度,这种情况取决于 x 的可观测实现值当中 x 值的普遍性。查看(3.4b)可以证明,当 $P(x=x|z_{yx}=1)=1$ 时,则 $r(x)=P(z_{yx}=1)$,而当 $P(x=x|z_{yx}=1)=0$ 时,则 $r(x)=P(z_{yx}=1)$ 减少至 0。因而,如果可观测协变量的分布 $P(x|z_{yx}=1)$ 在 x 值处安置了零质量,则区域(3.4)是无信息的。

当用 $r(x)$ 代替 $P(z=1|x=x)$,并且用 z_{yx} 代替 z,在 (y,x) 的实现值出现联合缺失的时候,则第 1 章中所获得的全部结果均成立。命题 1.2 具有这种类似情况。

命题 3.2 设 D 遵从随机占优,$g \in G$。令 $P(z_y=z_x=1)+P(z_y=z_x=0)=1$,则 $D\{P[g(y)]\}$ 的识别域中最大点与最小点分别是 $D\{P[g(y)|z_{yx}=1]r(x)+\gamma_{0g}[1-r(x)]\}$ 与 $D\{P[g(y)|z_{yx}=1]r(x)+\gamma_{1g}[1-r(x)]\}$。

□

命题 1.3 是下面设置背景的推广,这种设置背景为:数据是从重复抽样过程获得的,只在某些抽样过程中才有结果缺失,而在其他抽样过程中出现 (x,y) 联合缺失。

命题 3.3 设存在一个抽样过程的集合 M,其中有 $P(z_x=1)=1$,同时存在一个抽样过程的集合 M′,其中有 $P(z_y=z_x=1)+P(z_y=z_x=0)=1$,则

$$H_{(M,M')}[P(y|x=x)]=$$

$$\bigcap_{m \in M}[P(y|x=x,z_{my}=1|x=x)+\gamma_m P(z_{my}=0|x=x),\gamma_m \in \Gamma_Y] \quad (3.9)$$

$$\bigcap_{m \in M'}[P(y|x=x,z_{myx}=1)r_m(x)+\gamma_m[1-r_m(x)],r_m \in \Gamma_Y]$$

是 $P(y|x=x)$ 的识别域。

□

分布假设 当 (y,x) 实现值出现联合缺失的时候,实证研究人员经常假定:可观测结果与结果数据缺失具有相同的以事件 $\{x=x\}$ 为条件的分布,也就是

$$P(y|x=x)=P(y|x=x,z_{yx}=0)=P(y|x=x,z_{yx}=1) \quad (3.10)$$

假定 $P(z_{yx}=1)>0$。于是,$P(y|x=x,z_{yx}=1)$ 可通过抽样过程来揭示,所以

$P(y|x=\mathrm{x})$在假设(3.10)条件下是点识别的。可是,这个不可驳斥假设的可信性时常受到人们的怀疑。

当(y,x)实现值出现联合缺失的时候,使用工具变量的一些分布假设具有识别能力。考察 MAR 与 SI 假设。对于总体 J 中满足$\{x=\mathrm{x}\}$的子总体来说,这两个假设分别为

$$P(y|v,x=\mathrm{x})=P(y|v,x=\mathrm{x},z_{yx}=0)=P(y|v,x=\mathrm{x},z_{yx}=1) \quad (3.11)$$

与

$$P(y|v,x=\mathrm{x})=P(y|x=\mathrm{x}) \quad (3.12)$$

很容易从命题3.1与命题2.2得到 SI 假设的识别能力。设$v\in V$。对总体中满足$\{v=\mathrm{v},x=\mathrm{x}\}$的子总体 J 应用命题3.1,可以得到

$$H\big[P(y|v=\mathrm{v},x=\mathrm{x})\big]=\{P(y|v=\mathrm{v},x=\mathrm{x},z_{yx}=1)\mathrm{r}(\mathrm{v},\mathrm{x})+$$
$$\gamma_v\big[1-\mathrm{r}(\mathrm{v},\mathrm{x})\big],\gamma_v\in\Gamma_Y\} \quad (3.13\mathrm{a})$$

其中

$$\mathrm{r}(\mathrm{v},\mathrm{x})\equiv\frac{P(x=\mathrm{x}|v=\mathrm{v},z_{yx}=1)P(z_{yx}=1|v=\mathrm{v})}{P(x=\mathrm{x}|v=\mathrm{v},z_{yx}=1)P(z_{yx}=1|v=\mathrm{v})+P(z_{yx}=0|v=\mathrm{v})} \quad (3.13\mathrm{b})$$

模仿命题2.2的证明,则可得出下面命题:

命题 3.4 (a)设 SI 假设成立,如同(3.12)一样。令$P(z_y=z_x=1)+P(z_y=z_x=0)=1$,则$P(y|x=\mathrm{x})$的识别域是

$$H_{SI}\big[P(y|x=\mathrm{x})\big]=$$
$$\bigcap_{\mathrm{v}\in V}\{P(y|v=\mathrm{v},x=\mathrm{x},z_{yx}=1)\mathrm{r}(\mathrm{v},\mathrm{x})+\gamma_v\big[1-\mathrm{r}(\mathrm{v},\mathrm{x})\big],\gamma_v\in\Gamma_Y\}$$
$$(3.14)$$

(b)设$H_{SI}\big[P(y|x=\mathrm{x})\big]$是空集,则(3.12)一定不成立。

□

当(y,x)的实现值出现联合缺失的时候,确定假设 MAR 的识别能力就是一件更加复杂麻烦的事情。当(3.11)成立时,模仿命题2.1的证明过程,可以证明

$$P(y|x=\mathrm{x})=\sum_{\mathrm{v}\in V}P(y|v=\mathrm{v},x=\mathrm{x},z_{yx}=1)P(v=\mathrm{v}|x=\mathrm{x}) \quad (3.15)$$

只有出现结果缺失时,实证证据才会揭示(3.15)右边的全部数量。然而,就(y,x)出现联合缺失情况而言,实证证据确实没有揭示$P(v|x=\mathrm{x})$,因此

$P(y|x=x)$ 不是点识别的。

为了描述 $P(y|x=x)$ 的识别域,我们需要知道 $P(v|x=x)$ 的识别域。已知 v 总是可观测的,只有当协变量出现缺失时,对 $P(v|x=x)$ 的推断就是一个预测问题。这种问题的探讨成为下一节的主题。

3.4　协变量缺失

现在假定结果 y 的实现值总是可观测到的,但协变量 x 的实现值可能会出现缺失。命题 3.5 给出了仅利用实证证据时,$P(y|x=x)$ 的识别域。

命题 3.5　设 $P(z_y=1)=1$,则有

$$H\big[P(y|x=x)\big] = \bigcup_{p\in[0,1]}\big\{P(y|x=x,z_x=1)$$

$$\frac{P(x=x|z_x=1)P(z_x=1)}{P(x=x|z_x=1)P(z_x=1)+pP(z_x=0)}+$$

$$\eta\frac{pP(z_x=0)}{P(x=x|z_x=1)P(z_x=1)+pP(z_x=0)},\eta\in\Gamma_Y(p)\big\}$$

$$(3.16a)$$

其中

$$\Gamma_Y(p)\equiv\Gamma_Y\bigcap\big\{\big[P(y|z_x=0)-\gamma(1-p)\big]/p,\gamma\in\Gamma_Y\big\} \qquad (3.16b)$$

$\square$

证明　运用全概率定律和贝叶斯定理,如同(3.5)与(3.6)一样,可得到

$$P(y|x=x)=$$

$$P(y|x=x,z_x=1)\frac{P(x=x|z_x=1)P(z_x=1)}{P(x=x|z_x)P(z_x=1)+P(x=x|z_x=0)P(z_x=0)}+$$

$$P(y|x=x,z_x=0)\frac{P(x=x|z_x=0)P(z_x=0)}{P(x=x|z_x=1)P(z_x=1)+P(x=x|z_x=0)P(z_x=0)}$$

$$(3.17)$$

对于式(3.17)右边来说,抽样过程揭示了 $P(z_x)$,$P(x=x|z_x=1)$ 以及 $P(y|x=x,z_x=1)$,但是没有揭示 $P(x=z|z_x=0)$ 与 $P(y|x=x,z_x=0)$。此抽样过程没有揭示 $P(y|z_x=0)$,该式与 $P(x=x|z_x=0)$ 及 $P(y|x=x,z_x=0)$ 有关,由全概率定

律可知

$$P(y \mid z_x = 0) =$$

$$P(y \mid x = x, z_x = 0)P(x = x \mid z_x = 0) + P(y \mid x \neq x, z_x = 0)P(x \neq x \mid z_x = 0)$$

$$(3.18)$$

为确定(3.18)的识别能力,假定 $P(x = x \mid z_x = 0) = p$。那么,(3.16b)所给出的 $\Gamma_Y(p)$ 就是 $P(y \mid x = x, z_x = 0)$ 的值的集合,这与(3.18)是一致的。现在,令 p 在区间 $[0, 1]$ 取值,这就得出(3.16a)。

证毕

和这一章前面所研究的数据缺失问题相比,从性质上看,由式(3.18)所施加的约束使得协变量缺失的问题截然不同。[1] 对于给定的 $p \in [0, 1]$,分布 $\Gamma_Y(p)$ 集合是第 4 章将要深入探讨的混合问题的解,我们一直推迟到第 4 章才会讨论 $\Gamma_Y(p)$ 的结构。

与联合结果数据缺失和协变量所提出的问题相比,协变量缺失提出了稍欠严格的可观测性问题。因此,命题 3.5 所推导的识别域必须是由命题 3.1 所推导的识别域的子集。如果将(3.16)与(3.8)相对比,则使这种表述得以明确。无论 γ 在由(3.8)给出的所有分布的空间 Γ_Y 上哪里取值,它仅在由(3.16)给出的 $p \in [0, 1]$ 时约束空间 $\Gamma_Y(p)$ 上取值。

实际上,$P(y \mid x = x)$ 甚至可能是点识别的。当 $P(y \mid x = x, z_x = 1) = P(y \mid z_x = 0)$ 时,并且这些分布是退化的,则会出现这种情况。于是,(3.16)只包含了唯一元素,即 $P(y \mid x = x, z_x = 1)$。

MAR 与 SI 假设 当 (y, x) 的实现值出现联合缺失的时候,即 3.3 节中未解决的问题,命题 3.5 能够刻画 MAR 假设的识别能力。回顾公式(3.15),假定 $P(z_x = 1) > 0$,(3.15)右边唯一不可识别的量是 $P(v \mid x = x)$。因此,(y, x) 出现联合缺失与单个 x 缺失所导致的结果是一样的。命题 3.5 提供了 $P(v \mid x = x)$ 的识别域。由此可得下面的命题 3.6。

命题 3.6 设 MAR 假设成立,如同(3.11)那样。$P(z_{yx} = 1) > 0$,$H[P(v \mid x = x)]$ 是将命题 3.5 应用到 $P(v \mid x = x)$ 的识别域,则 $P(y \mid x = x)$ 的识别域是

$$H_{MAR}[P(y \mid x = x)] =$$

$$\left\{ \sum_{v \in V} P(y \mid v = v, x = x, z_{yx} = 1)\eta(v = v), \eta \in H[P(v \mid x = x)] \right\} \quad (3.19)$$

□

由命题 3.5 立刻可以得到当协变量出现缺失的时候 SI 假设的识别能力，这个结果就是命题 3.7。

命题 3.7　（a）设 SI 假设成立，如同（3.12）那样。设 $P(z_y = 1) = 1$，对于 $v \in V, H[P(y|v = v, x = x)]$ 是将命题 3.5 应用到 $P(y|v = v, x = x)$ 所获得的识别域，则 $P(y|x = x)$ 的识别域是

$$H_{SI}[P(y|x = x)] = \bigcap_{v \in V} H[P(y|v = v, x = x)] \tag{3.20}$$

（b）设 $H_{SI}[P(y|x = x)]$ 是空集，则（3.12）一定不成立。

□

3.5　一般数据缺失模式

现在，考察如下带有一般数据缺失模式的抽样过程，这种数据缺失模式为：(y, x) 的某些实现值可能完全观测到，而其他一些实现值部分可观测到，还有一些实现值根本无法观测到。关于 $P(y|x = x)$ 推断问题的结构，借助于全概率定律和贝叶斯定理得到展现，即

$$P(y|x = x) =$$

$$\sum_j \sum_k P(y|x, z_x = j, z_y = k) \frac{P(x = x|z_x = j, z_y = k)P(z_x = j, z_y = k)}{\sum_l \sum_m P(x = x|z_x = l, z_y = m)P(z_x = l, z_y = m)}$$

$$\tag{3.21}$$

考察（3.21）等号的右边，抽样过程识别了 $P(z_x, z_y)$，$P(x = x|z_x = 1, z_y)$ 以及 $P(y|x = x, z_x = 1, z_y = 1)$。它肯定不识别 $P(x = x|z_x = 0, z_y)$，$P(x = x|z_x = 0, z_y = 1)$ 或者 $P(y|x = x, z_x, z_y = 0)$。然而，抽样过程揭示了 $P(x = x|z_x = 0, z_y = 1)$，这与 $P(x = x|z_x = 0, z_y = 1)$ 及 $P(y|z_x = 0, z_y = 1)$ 有关，由全概率定律可得

$$P(y|z_x = 0, z_y = 1) = P(y|x = x, z_x = 0, z_y = 1)P(x = x|z_x = 0, z_y = 1) +$$

$$P(y|x \neq x, z_x = 0, z_y = 1)P(x \neq x|z_x = 0, z_y = 1) \tag{3.22}$$

因而，仅利用实证证据，$P(y|x = x)$ 的识别域具有下述形式。

命题 3.8　设 $P_{jk} \equiv P(z_x = j, z_y = k)$，对于 $j, k = 0$ 或者 1，则

$$H[P(y|x=x)]=$$

$$\{P(y|x=x,z_x=1,z_y=1)\frac{P(x=x|z_x=1,z_y=1)P_{11}}{\sum_k P(x=x|z_x=1,z_y=k)P_{1k}+p_0P_{00}+p_1P_{01}}+$$

$$\eta_{10}\frac{P(x=x|z_x=1,z_y=0)P_{10}}{\sum_k P(x=x|z_x=1,z_y=k)P_{1k}+p_0P_{00}+p_1P_{01}}+$$

$$\eta_{00}\frac{p_0P_{00}}{\sum_k P(x=x|z_x=1,z_y=k)P_{1k}+p_0P_{00}+p_1P_{01}}+$$

$$\eta_{01}\frac{p_0P_{00}}{\sum_k P(x=x|z_x=1,z_y=k)P_{1k}+p_0P_{00}+p_1P_{01}}$$

$$(\eta_{10},\eta_{00},\eta_{01})\in\Gamma_Y\times\Gamma_Y\times\Gamma_Y(p_1);(p_0,p_1)\in[0,1]^2\}$$

$$(3.23a)$$

其中

$$\Gamma_Y(p_1)\equiv\Gamma_Y\bigcap\{[P(y|z_x=0,z_y=1)-\gamma(1-p_1)]/p_1,\gamma\in\Gamma_Y\}\quad(3.23b)$$

□

一般地说,无论存在怎样的正概率 P_{01},使得结果的一些实现值是可观测的,但协变量的那些观测值是不可观测的,这个识别域显得十分复杂。不过,对于使 y 位于任何集合 B 中的概率 $P(y\in B|x=x)$ 来说,命题 3.8 会产生相对简单的闭形式识别域。[2]

推论 3.8.1 设 B 是 Y 的非空的、真的、可测子集。定义

$$R(x)\equiv P(y\in B|x=x,z_x=1,z_y=1)P(x=x|z_x=1,z_y=1)P_{11}+$$

$$P(x=x|z_x=1,z_y=0)P_{10}+P_{00}+P(y\in B|z_x=0,z_y=1)P_{01}$$

$$S(x)\equiv\sum_k P(x=x|z_x=1,z_y=k)P_{1k}+P_{00}+P(y\in B|z_x=0,z_y=1)P_{01}$$

$$T(x)\equiv\sum_k P(x=x|z_x=1,z_y=k)P_{1k}+P_{00}+P(y\notin B|z_x=0,z_y=1)P_{01}$$

$$L(x)\equiv\frac{P(y\in B|x=x,z_x=1,z_y=1)P(x=x|z_x=1,z_y=1)P_{11}}{T(x)}$$

以及 $U(x)\equiv R(x)/S(x)$,则 $P(y\in B|x=x)$ 的识别域是

$$H[P(y\in B|x=x)]=[L(x),U(x)]\quad(3.24)$$

证明 由命题 3.8 可以证明

$$H[P(y \in B | x = x)] =$$

$$\{P(y \in B | x = x, z_x = 1, z_y = 1) \frac{P(x = x | z_x = 1, z_y = 1) P_{11}}{\sum\limits_{k} P(x = x | z_x = 1, z_y = k) P_{1k} + p_0 P_{00} + p_1 P_{01}} +$$

$$\eta_{10}(B) \frac{P(x = x | z_x = 1, z_y = 0) P_{10}}{\sum\limits_{k} P(x = x | z_x = 1, z_y = k) P_{1k} + p_0 P_{00} + p_1 P_{01}} +$$

$$\eta_{00}(B) \frac{p_0 P_{00}}{\sum\limits_{k} P(x = x | z_x = 1, z_y = k) P_{1k} + p_0 P_{00} + p_1 P_{01}} +$$

$$\eta_{01}(B) \frac{p_1 P_{01}}{\sum\limits_{k} P(x = x | z_x = 1, z_y = k) P_{1k} + p_0 P_{00} + p_1 P_{01}},$$

$$[\eta_{10}(B), \eta_{00}(B), \eta_{01}(B)] \in [0,1]^2 \times I(p_1); (p_0, p_1) \in [0,1]^2\}$$

$$(3.25a)$$

其中

$$I(p_1) \equiv [0,1] \bigcap \{[P(y \in B | z_x = 0, z_y = 1) - \lambda(1 - p_1)]/p_1, \lambda \in [0,1]\}$$

$$(3.25b)$$

一旦 p_1 固定,并让 λ 在范围 $[0,1]$ 上变化,这就可以证明

$$\eta_{01}(B) \in [\max\{0, [A - (1 - p_1)]/p_1\}, \min\{1, A/p_1\}] \qquad (3.26)$$

其中 $A \equiv P(y \in B | z_x = 0, z_y = 1)$。继续令 p_1 固定,并让 $[\eta_{10}(B), \eta_{00}(B), p_0] \in [0,1]^3$ 变化,这就可以证明

$$P(y \in B | x = x) \in [L^*(x, p_1), U^*(x, p_1)] \qquad (3.27a)$$

其中

$$I(p_1) \equiv$$

$$P(y \in B | x = x, z_x = 1, z_y = 1) \frac{P(x = x | z_x = 1, z_y = 1) P_{11}}{\sum\limits_{k} P(x = x | z_x = 1, z_y = k) P_{1k} + P_{00} + p_1 P_{01}} +$$

$$\max\{0, [A - (1 - p_1)]/p_1\} \frac{p_1 P_{01}}{\sum\limits_{k} P(x = x | z_x = 1, z_y = k) P_{1k} + P_{00} + p_1 P_{01}}$$

$$(3.27b)$$

以及

$$U^*(x,p_1) \equiv$$

$$P(y \in B \mid x=x, z_x=1, z_y=1) \frac{P(x=x \mid z_x=1, z_y=1) P_{11}}{\sum_k P(x=x \mid z_x=1, z_y=k) P_{1k} + P_{00} + p_1 P_{01}} +$$

$$\frac{P(x=x \mid z_x=1, z_y=0) P_{10} + P_{00}}{\sum_k P(x=x \mid z_x=1, z_y=k) P_{1k} + P_{00} + p_1 P_{01}} +$$

$$\min(1, A/p_1) \frac{p_1 P_{01}}{\sum_k P(x=x \mid z_x=1, z_y=k) P_{1k} + P_{00} + p_1 P_{01}}$$

$$(3.27c)$$

最后,对于 $p_1 \in [0, 1]$,求 $L^*(x, p_1)$ 的极小值,同时求 $U^*(x, p_1)$ 的极大值。函数 $L^*(x, \cdot)$ 在 $p_1 = 1 - A$ 处是有唯一极小值的单峰形状,这就得到整体下界 $L(x) = L^*(x, 1 - A)$。函数 $U^*(x, \cdot)$ 在 $p_1 = A$ 处是有唯一极大值的单峰形状,这就得到整体上界 $U(x) = U^*(x, A)$。

证毕

3.6 条件分布的联合推断

就 3.2 节至 3.5 节内容而言,目标是对假定 y 以协变量 x 取某个特定值 x 为条件的结果进行预测。因此,关注的目标是条件分布 $P(y \mid x = x)$。研究者经常想要对协变量取多个值时的结果进行预测。于是,关注目标就是条件分布的集合 $[P(y \mid x = x), x \in X]$ 或者其中的某些泛函。

$[P(y \mid x = x), x \in X]$ 的识别域一定是关于每一个组成成分分布的识别域的笛卡儿乘积子集。仅利用实证证据,也就是

$$H[P(y \mid x = x), x \in X] \subset \times_{x \in X} H[P(y \mid x = x)] \qquad (3.28)$$

由识别域的定义可立刻得到关系 (3.28)。区域 $H[P(y \mid x = x), x \in X]$ 给出了 $[P(y \mid x = x), x \in X]$ 的全部联合可行值。对于每一个 $x \in X$,$H[P(y \mid x = x)]$ 给出了 $P(y \mid x = x)$ 的全部可行值。联合可行性蕴含着各个组成成分的可行性,所

以(3.28)必定成立。

为了超越刻画联合推断问题(3.28),人们必须要设定数据缺失问题的特性。对于带有数据缺失一般模式的抽样过程来说,联合识别域的结构是错综复杂的,但是如果仅有结果出现缺失,或者(y,x)出现联合缺失,则存在一些简单的结论。[3]

结果数据缺失 假定仅有结果数据是缺失的,同时没有施加分布假设,由全概率定律可得

$$[P(y|x=x, x \in X)] = [P(y|x=x, z_y=1)P(z_y=1|x=x) +$$
$$P(y|x=x, z_y=0)P(z_y=0|x=x), x \in X] \quad (3.29)$$

抽样过程可识别(3.29)右边的所有数量,除了分布集合$[P(y|x=x, z_y=0, x \in X]$,该分布可以在$\times_{x \in X}\Gamma_Y$上取任意值。因此,我们得出命题3.9。

命题3.9 设$P(z_x=1) > 1$,则

$$H[P(y|x=x), x \in X] = \times_{x \in X}H[P(y|x=x)] =$$
$$\times_{x \in X}[P(y|x=x, z_y=1)P(z_y=1|x=x) +$$
$$\gamma_x P(z_y=0|x=x), \gamma_x x \in \Gamma_Y] \quad (3.30)$$

$$\square$$

如果来自多重抽样过程的数据是可利用的,或者施加了利用工具变量的分布假设,那么可以发现类似结论仍会成立。在第1章和第2章所考虑的设置背景下,关于$[P(y|x=x), x \in X]$的联合推断等价于各个组成成分$P(y|x=x)$,$x \in X$的推断。

结果与协变量的联合缺失 当(y,x)的实现值出现联合缺失时,对于分布$[P(y|x=x), x \in X]$集合的推断并不会等价于对于各个组成成分$P(y|x=x)$,$x \in X$的推断。其原因在于,缺失的协变量实现值不可能同时有多个值。

回顾命题3.1,它针对特定值x给出了$P(y|x=x)$的识别域。式(3.28)表明,关于$P(y|x=x)$的可行值集合以概率$P(x=x|z_{yx}=0)$得以扩大,这里x的缺失实现值取x值的概率为$P(x=x|z_{yx}=0)$。因此,$H[P(y|x=x)]$可借助于令$P(x=x|z_{yx}=0)=1$来获得。

现在,考察另一个任意的协变量x'。当$P(x=x|z_{yx}=0)=1$时,则$P(x=x'|z_{yx}=0)=1$。所以由(3.7)可得,$P(y|x=x')=P(y|x=x', z_{yx}=1)$。因而,

只有分布$[P(y|x=x'),x'\in X,x'\neq x)]$取特殊值时，$P(\mathbf{y}|\mathbf{x}=x)$才会在其整个识别域上取值。因而，$H[P(y|x=x),x\in X]$是$\times_{x\in X}H[P(y|x=x)]$的真子集。

命题3.10刻画这个联合区域的特性。

命题3.10 设$P(z_y=z_x=1)+P(z_y=z_x=0)=1$。设$S$表示$R^{|X|}$上的单位单纯形，则

$$H[P(y|x=x),x\in X]=$$

$$\bigcup_{(p_x,x\in X)\in S}\{\times_{x\in X}[P(y|x=x,z_{yx}=1)\frac{P(x=x|z_{yx}=1)P(z_{yx}=1)}{P(x=x|z_{yx}=1)P(z_{yx}=1)+p_xP(z_{yx}=0)}+$$

$$\gamma_x\frac{p_xP(z_{yx}=0)}{P(x=x|z_{yx}=1)P(z_{yx}=1)+p_xP(z_{yx}=0)},\gamma_x\in\Gamma_Y]\}$$

$$(3.31)$$

□

证明 向量$[P(x=x|z_{yx}=0),x\in X]$可以在单位单纯形上取任意值。对于这个向量的任何可行值来说，$[P(y|x=x),x\in X]$的可行值集合是(3.31)括号中分布的集合的笛卡儿乘积。

证毕

补充3A　失业率

补充1A利用NLSY数据统计了1991年调查总体的成员被雇佣的概率，现在考察由美国劳动力统计局所测算的官方失业率的推断问题，这个失业率是那种成为劳动力的人员总体中的失业概率。当1991年NLSY样本成员的雇佣状态没有报告时，那些人员的失业结果方面的数据不仅是缺失的，而且他(或她)的劳动力身份也是缺失的。因而，官方失业率的推断产生了联合结果数据缺失与协变量数据的问题。

如同补充1A一样，关注的量是$P[y=1|y\in\{1,2\}]$，或者可能是$P[y=1|BASE,y\in\{1,2\}]$。表1.1中的数据表明，关于响应1991年就业状态问题同时报告他们成为劳动力的个体的实证失业率是$P[y=1|y\in\{1,2\},z=1]=297/4\ 629=0.064$。另外，$P(z=1)=5\ 556/6\ 812=0.816,P[y\in\{1,2\},z=1]=$

$(4\,332+297)/5\,556=0.833$。因此,由式(3.4b)所定义的 $r(x)$ 有值 0.787,这里 x 表示事件 $\{y\in\{1,2\}\}$。现在,由命题3.1可得,这个官方失业率的识别域是

$$P[y=1\,|\,y\in\{1,2\}]\in[(0.064)(0.787),(0.064)(0.787)+$$
$$0.213]=[0.050,0.263]$$

通过类似地计算可得,$P[y=1\,|\,BASE,y\in\{1,2\}]\in[0.057,0.164]$。

补充 3B　带有数据缺失的参数预测

鉴于这一章研究对以协变量为条件的结果进行非参数预测,研究者经常设定预测式函数的参数族,然后设法推断这个参数族的成员,该参数族针对某个损失函数使期望损失最小化。设 Θ 表示参数空间,$f(\cdot,\cdot):X\times\Theta\to R$ 表示预测式函数族,$L(\cdot):R\to[0,\infty]$ 是损失函数,当前目标是求出 $\theta^*\in\Theta$,使得

$$\theta^*\in\arg\min_{\theta\in\Theta}E\{L[y-f(x,\theta)]\}$$

于是,将 $f(\cdot,\theta^*)$ 称为在损失函数 L 条件下,给定 x 时 y 的最佳 $f(\cdot,\cdot)$ 预测式。在通常正则性条件下,θ^* 是唯一的。

例如,在平方损失条件下,考察最佳线性预测的类似问题。这里 $f(x,\theta)=x'\theta$,$L[y-f(x,\theta)]=(y-x'\theta)^2$。众所周知,倘若 $E(xx')$ 是非奇异的,则 $\theta^*=E(xx')^{-1}E(xy)$。

忽略数据缺失的预测　实证研究者通常会放弃作为不完全观测的 (y,x) 的所有实现值。假定容量为 N 的随机样本是从总体 J 中抽取的,设 $N(1)$ 表示那种 $z_{yx}=1$ 的样本成员,并设 N_1 是 $N(1)$ 的基数(或者势,译者注)。于是,一种常规方法是通过 $\theta_N\in\Theta$ 来估计 θ^*,使得

$$\theta_N\in\arg\min_{\theta\in\Theta}\frac{1}{N_1}\sum_{i\in N(1)}L[y_i-f(x_i,0)]$$

在通常正规性条件下,θ_N 几乎必然是唯一的,而且

$$\lim_{N\to\infty}\theta_N=\arg\min_{\theta\in\Theta}E\{L[y-f(x,\theta)]\,|\,z_{yx}=1\},a.s$$

因而,θ_N 是 θ^* 的一致估计量,当且仅当

$$\arg\min_{\theta\in\Theta}E\{L[y-f(x,\theta)]\,|\,z_{yx}=1\}=\arg\min_{\theta\in\Theta}E\{L[y-f(x,\theta)]\}$$

仅利用实证证据的预测 考察仅利用实证证据的参数预测问题,在数据缺失服从某种可行分布时,关于 θ^* 的识别域是那种使期望损失最小化的参数值的集合。人们很容易刻画这个识别域,但是估计它是相当困难的。

在命题 3.8 中,对于一般数据缺失模式,估计了 $H[P(y|x=x)]$ 的结构,θ^* 的识别域是

$$H(\theta^*) = \bigcup_{\eta_{10},\eta_{00},\eta_{01} \in \Gamma_{10} \times \Gamma_{00} \times \Gamma_{01}} \{ \arg \min_{\theta \in \Theta} P(z_{yx}=1) E\{ L[y-f(x,\theta)]|z_{yx}=1 \} +$$

$$P(z_x=1,z_y=0) \cdot \int L[y-f(x,\theta)] d\eta_{10} +$$

$$P(z_x=0,z_y=0) \cdot \int L[y-f(x,\theta)] d\eta_{00} +$$

$$P(z_x=0,z_y=1) \cdot \int L[y-f(x,\theta)] d\eta_{01} \}$$

这里 Γ_{10} 表示 $Y \times X$ 带有 x 边缘 $P(x|z_x=1,z_y=0)$ 的所有分布的集合,Γ_{00} 表示 $Y \times X$ 的所有分布的集合,Γ_{01} 表示 $Y \times X$ 带有 y 边缘 $P(x|z_x=0,z_y=1)$ 的所有分布的集合。

$H(\theta^*)$ 的一个自然而然的估计量就是其样本类似形式,它可运用数据的实证分布来估计 $P(z_{yx}),P[(y,x)|z_{yx}=1],P(x|z_x=1,z_y=0)$ 以及 $P(y|z_x=0,z_y=1)$。可是,计算这个估计值却是重大的挑战。在平方损失条件下,甚至在最佳线性预测的相对温和设置背景,亦是如此,其中 $H(\theta^*)$ 的样本类似形式是借助推测结果数据缺失与协变量数据的所有可能值所产生的最小二乘估计的集合,可看霍罗威茨和曼斯基(2001)。

假设 $f(\cdot,\theta^*)$ 为最佳非参数形式的预测 提出参数预测问题的研究者经常会将分布假设和实证证据结合起来。特别地,一种普遍做法是假定在损失函数 L 下给定 x 时 y 的最佳 $f(\cdot,\cdot)$ 预测式是最佳非参数形式,也就是

$$f(x,\theta^*) \in \arg \min_{c \in R} E[L(y-c)|x=x], \forall x \in X$$

这个假设能够使研究者的结果收缩到 $H(\theta^*)$。

例如,研究者在平方损失下探寻最佳线性预测式时,经常假定最佳非参数预测式,即条件期望 $E(y|x)$ 是 x 的线性函数。设 $H[E(y|x)]$ 是针对 $E(y|x)$ 仅利用实证证据的识别域,于是,线性均值回归的假设蕴含着 θ 是在平方损失下的最佳线性预测问题的可行解,当且仅当 $x\theta \in H[E(y|x)]$。

注　释

来源和历史注释

这一章的绝大多数分析内容是源自于霍罗威茨和曼斯基(1998,2000)的探索研究。尤其是,命题 3.1 和 3.5 是基于霍罗威茨和曼斯基(1998)。推论 3.8.1 则是基于霍罗威茨和曼斯基(2000,定理 1)。

在统计学中,尽管人们长期对带有结果数据缺失的预测给予重要的关注,但相对于协变量数据缺失进行认真深入研究而言,则是最近的事,而且远未普及。当统计学家研究协变量数据缺失时,他们总是施加可以点识别 $P(y|x)$ 的一些假设。一旦这样做,他们主要关注的内容就是认识条件预测式的点估计的有限样本性质(例如,参看,Little, 1992; Robins, Rotnitzky and Zhao,1994)。

正文注释

1.同样地,从性质上看,实值协变量的区间测量是截然不同于结果的区间测量。1.5 节已经证明,仅利用实证证据,结果的区间测量会产生参数的简单界,这里参数遵从随机占优。当协变量是区间测量的时候,并不能得到相应的发现。可是,曼斯基和塔梅尔(Manski and Tamer, 2002)已证明,对某些分布假设要求过高确实会得到感兴趣的研究发现。

设 $X \subset R, j \in J$ 具有三元组 $(x_{j_-}, x_j, x_{j_+}) \in X^3$。设随机变量 $(x_-, x, x_+): J \to X^3$ 具有分布 $P(x_-, x, x_+)$,使得 $P(x_- < x < x_+) = 1$。如果 (x_-, x_+) 的实现值是可观测的,但 x 的实现值并不可直接观测,则我们得出协变量的区间测量。现在假定这些分布假设成立:

单调性:$E(y|x)$ 是 x 的弱递增的;

均值独立性:$E(y|x_-, x, x_+) = E(y|x)$。

曼斯基和塔梅尔(2002,命题 1)证明了,对于任意 $x \in X$

$$\sup_{(x_-, x_+) \text{s.t.} x_- \leqslant x_+ \leqslant x} [E(y|x_- = x_-, x_+ = x_+)] \leqslant E(y|x) \leqslant \inf_{(x_-, x_+) \text{s.t.} x_- \leqslant x \leqslant x_+} [E(y|x_- = x_-, x_+ = x_+)]$$

2. 对于带有一般数据缺失模式的条件预测的进一步分析,由扎法龙(Zaffalon, 2002)给予了阐述。他假定集合 $Y \times X$ 是有限的,并证明 $E(y|x = x)$ 的最

小可行值与最大可行值,可以通过求解分数线性规划问题来获得。

3. 到目前为止,探寻一般数据缺失过程只是关注形式 $P(y \in B|x = x) - P(y \in B|x = x')$ 的泛函,其中 $B \subset Y$,而且 (x, x') 是不同的协变量值。尽管推导起来艰辛困难,但霍罗威茨和曼斯基(2000)仍然获得了这种泛函的最小与最大可行值的闭形式表达式。

污染结果

4.1 数据误差的混合模型

对第 1 章至第 3 章的数据缺失问题进行分析,我们自始至终地假定:结果与关注的协变量实现值是可利用的数据。研究者使用宽泛的数据误差(data errors)术语来描述如下的情形:可利用数据并不能完全地测度关注的变量。通常,数据误差会产生识别问题,此问题的特定性质取决于可利用数据和关注变量是怎样有关联的。

数据误差的一个重要概念是混合模型,它将可利用数据看成是关注变量与另一个随机变量的概率混合的实现值。设总体 J 的每一个元素都有空间 $Y \times X$ 中的结果对 (y_j^*, e_j),随机变量 $(y^*, e_j): J \to Y \times X$ 具有分布 $P(y^*, e_j)$,y^* 表示关注的结果。令抽样过程以随机方式从 J 中抽取人员,混合模型是将可利用数据看成概率混合的实现值

$$y \equiv y^* z + e(1 - z) \tag{4.1}$$

其中 z 表示不可观测二值随机变量,以此代表 e 或 y^* 是否为可观测的。因而,当 $z = 1$ 时,表示 y^* 被观测到,而当 $z = 0$ 时,表示 e 被观测到。将满足 $z = 0$ 的 y 的实现值称为数据误差,而将满足 $z = 1$ 的 y 的实现值称为无误差,将 y 自身称为 y^* 的污染测量。

混合模型本身没有什么内容,但是当和分布假设结合时,它可能提供关于 y^* 的有价值信息。研究者经常假定,误差概率 $P(z=0)$ 是已知的,或者至少它是非平凡的上有界的。本章在这些假设下研究结果数据分布的识别。

设 $p \equiv P(z=0)$ 表示数据误差的概率,推断问题可借助于全概率定律以公式(4.2)与(4.3)进行展示

$$P(y) = P(y|z=1)(1-p) + P(y|z=0)p \qquad (4.2)$$

以及

$$P(y^*) = P(y|z=1)(1-p) + P(y^*|z=0)p \qquad (4.3)$$

抽样过程只能揭示(4.2)的左边分布 $P(y)$,$P(y)$ 本身的实证知识关于 $P(y|z=1)$ 无任何信息,因此,关于 $P(y^*)$ 亦如此。然而,如果 $P(y)$ 的知识与 p 的非平凡上界结合起来就会得到有信息的识别域。

在有数据误差的情况下,数据误差的概率上界已经成为稳健推断研究的核心假设(参看补充4B)。在某些应用中,数据误差的概率可从确证的数据集合中估计出来。在另一些应用中,数据误差是由于分析者对缺失值进行估算而产生的,于是估算值的部分提供了误差概率的上界(参看补充4A)。当然,有许多那样的应用,其中没有什么明显方法设置明确的数据误差的概率上界。在这些应用中,或许依然有趣的是确定总体参数的推断如何随着误差概率增大而衰变的。

这一章研究两个结果数据分布的识别,一个是无误差的实现值分布

$$P(y|z=1) \equiv P(y^*|z=1) \qquad (4.4)$$

另一个是关注结果的边缘分布 $P(y^*)$。一般地说,这两个分布是有区别的,但是如果数据误差的发生与关注的结果是统计上独立的,那么两者是一样的。因而,这一章有效地阐述了关于 $P(y^*)$ 的识别方面两个平行的研究发现成果。一个发现成果仅有误差概率有上界,而另一个发现成果同样具有

$$P(y^*) = P(y^*|z=1) \qquad (4.5)$$

4.2 节探索发展了关于 $P(y|z=1)$ 与 $P(y^*)$ 的识别域。这些抽象的发现成果在4.3节与4.4节得以丰富起来,对于事件概率以及遵从随机占优的参数来说,推导出简单的识别域。如果协变量 x 是已知的可无误差的测量,所有结论可应用于条件分布 $P(y|x=x,z=1)$ 与 $P(y^*|x=x)$ 的推断上,人们直接将关

注的总体重新定义成为 $\{x=\mathbf{x}\}$ 的那些子总体。现在的分析确实没有涵盖协变量带有误差的测量情况。

从抽象形式上考虑,这一章研究探讨了概率混合的组成成分识别,污染结果只是这类基本识别问题中众多体现之一。在第 3 章,此问题曾经在协变量数据缺失的分析中出现。在第 5 章和第 10 章,当我们研究生态推断(ecological inference)和项目评估的混合问题时,将会产生该问题。

4.2　结果数据分布

命题 4.1 的(a)部分将要证明,当 p 为已知时,$P(y|z=1)$ 属于下面要定义的 $H_P[P(y|z=1)]$ 识别域,而且 $P(y^*)$ 则属于较大的识别域 $H_P[P(y^*)]$。(b)部分将证明,这些识别域会随着误差概率的增大而扩展。这蕴含着,在(c)部分中,识别域给出了上界,比如说 λ,就 p 而言,则是 $H_\lambda[P(y|z=1)]$ 与 $H_\lambda[P(y^*)]$。

命题 4.1　(a)设 p 是已知的,满足 $p<1$。于是,关于 $P(y|z=1)$ 与 $P(y^*)$ 的识别域分别是

$$H_P[P(y|z=1)] \equiv \Gamma_Y \bigcap \{[P(y)-p\gamma]/(1-p),\gamma \in \Gamma_Y\} \qquad (4.6)$$

与

$$H_P[P(y^*)] \equiv \{(1-p)\eta+p\gamma,(\eta,\gamma) \in H_P[P(y|z=1)] \times \Gamma_Y\} \qquad (4.7)$$

(b)设 $\delta>0$ 且 $p+\delta<1$,于是,$H_P[P(y|z=1)] \subset H_{P+\delta}[P(y|z=1)]$。

(c)对于已知 $\lambda<1$,设有 $p \leq \lambda$,于是,关于 $P(y|z=1)$ 与 $P(y^*)$ 的识别域分别是 $H_\lambda[P(y|z=1)]$ 与 $H_\lambda[P(y^*)]$。

$\square$

证明　(a)由式(4.2),关于 $[P(y|z=1),P(y|z=0)]$ 的联合识别域是

$$H_P[P(y|z=1),P(y|z=0)] \equiv \{(\eta,\gamma) \in \Gamma_Y \times \Gamma_Y : P(y)=(1-p)\eta+p\gamma\}$$

由此立刻可得式(4.6)。从(4.3)可得式(4.7),这是因为抽样过程对于 $P(y^*|z=0)$ 来说是无信息的。

(b)为了证明 $H_P[P(y|z=1)] \subset H_{P+\delta}[P(y|z=1)]$,考察 $(\eta,\gamma) \in H_P[P(y|$

$z=1)$，$P(y|z=0)]$。设误差概率从 p 到 $p+\delta$ 是增大的，令 $\gamma_\delta \equiv (\gamma p + \eta \delta)/(p+\delta)$。于是，$\gamma_\delta$ 是概率分布，而且 $(\eta, \gamma_\delta) \in \Gamma_Y \times \Gamma_Y$ 可求解

$$P(y) = \eta(1-p-\delta) + \gamma_\delta(p+\delta)$$

因此，$(\eta, \gamma_\delta) \in H_{P+\delta}[P(y|z=1), P(y|z=0)]$。

从上面结论及式（4.7）可得到，$H_P[P(y^*)] \subset H_{P+\delta}[P(y^*)]$。

（c）关于 $P(y|z=1)$ 的识别域是 $\bigcup\limits_{p \leqslant \lambda} H_P[P(y|z=1)]$，由（b）部分结论可以证明 $\bigcup\limits_{p \leqslant \lambda} H_P[P(y|z=1)] = H_\lambda[P(y|z=1)]$。类似地，关于 $P(y^*)$ 的识别域是 $\bigcup\limits_{p \leqslant \lambda} H_P[P(y^*)]$，由（b）部分结论可以证明 $\bigcup\limits_{p \leqslant \lambda} H_P[P(y^*)] = H_\lambda[P(y^*)]$。

证毕

通过观察发现，无论误差概率 p 是多少，观测结果的分布 $P(y)$ 一定属于 $H_P[P(y|z=1)]$。所以，假设 $\{P(y^*) = P(y|z=1) = P(y)\}$ 是不可驳斥的。

4.3 事件概率

设 B 是 Y 的可测子集，命题 4.1 直接蕴含着关于事件概率 $P(y \in B|z=1)$ 与 $P(y^* \in B)$ 的识别域，命题 4.2 则推导出这些识别域。该命题证明，当 $P(y \in B) > \lambda$ 时，则不论 $P(y \in B|z=1)$ 还是 $P(y^* \in B)$ 都存在有信息价值的下界，而且当 $P(y \in B) < 1-\lambda$ 时，则存在有信息价值的上界。因而，$\lambda < (1/2)$ 是使得事件概率不论是存在有信息价值的上界，还是存在有信息价值的下界的必要条件。

命题 4.2 （a）设 p 是已知的，满足 $p<1$。于是，关于 $P(y \in B|z=1)$ 与 $P(y^* \in B)$ 的识别域分别是下面的区间

$$H_p[P(y \in B|z=1)] = [0,1] \bigcap [[P(y \in B)-p]/(1-p), P(y \in B)/(1-p)]$$

$$(4.8)$$

$$H_p[P(y^* \in B)] = [0,1] \bigcap [P(y \in B)-p, P(y \in B)+p] \qquad (4.9)$$

（b）对于已知 λ，设已知 $p \leqslant \lambda$。于是，关于 $P(y \in B|z=1)$ 与 $P(y^* \in B)$ 的识别域分别是 $H_\lambda[P(y|z=1)]$ 与 $H_\lambda[P(y^*)]$。

□

证明 (a)第一个任务是证明式(4.8)给出了关于$P(y \in B | z = 1)$的识别域。命题4.1蕴含着$P(y \in B | z = 1)$位于区间

$$[0,1] \bigcap \{[P(y \in B) - pa]/(1-p), a \in [0,1]\} =$$

$$[0,1] \bigcap [[P(y \in B) - p]/(1-p), P(y \in B)/(1-p)]$$

因而,$[P(y \in B | z = 1)]$的识别域是式(4.8)右边集合的子集。我们必须证明,这个集合中全部元素都是可行的。若果真这样,则对于所有$c \in H_p[P(y \in B | z = 1)]$,存在分布$(\eta, \gamma) \in \Gamma_Y \times \Gamma_Y$使得$\eta(B) = c$,并且$P(y) = (1-p)\eta + p\gamma$。

为了证明这类分布存在,设$c \in H_p[P(y \in B | z = 1)]$,同时令$b$是下面方程的解

$$P(y \in B) = (1-p)c + pd$$

式(4.8)蕴含着,$d \in [0, 1]$。现在如下选取(η, γ):

当$P(y \in B) > 0$且$A \subset B$,令

$$\eta(A) = [P(y \in A)/P(y \in B)]c$$

$$\gamma(A) = [P(y \in A)/P(y \in B)]d$$

当$P(y \in B) = 0$且$A \subset B$,令$\eta(A) = \gamma(A) = 0$;

当$P(y \in Y - B) > 0$且$A \subset Y - B$,令

$$\eta(A) = [P(y \in A)/P(y \in Y - B)](1 - c)$$

$$\gamma(A) = [P(y \in A)/P(y \in Y - B)](1 - d)$$

当$P(y \in Y - B) = 0$且$A \subset Y - B$,令$\eta(A) = \gamma(A) = 0$。

于是,对于所有$A \subset B$且对于所有$A \subset Y - B$,有$\eta(B) = c$,$P(y) = (1-p) \cdot \eta(A) + p\gamma(A)$。所以,$P(y \in A) = (1-p)\eta + p\gamma$。

第二个任务是证明式(4.9)给出了关于$P(y^* \in B)$的识别域。抽样过程对于$P(y^* \in B | z = 0)$来说是无信息的,因此关于$P(y^* \in B)$的识别域是如下集合

$$\{(1-p)c + pa, c \in H_p[P(y \in B | z = 1)], a \in [0,1]\} =$$

$$\{[0, 1-p] \bigcap [P(y \in B) - p, P(y \in B)] + p[0,1]\} =$$

$$[0,1] \bigcap [P(y \in B) - p, P(y \in B) + p]$$

(b)关于$P(y \in B | z = 1)$与$P(y^* \in B)$的识别域分别是$\bigcup_{p \leq \lambda} H_p[P(y \in B | z = 1)]$与$\bigcup_{p \leq \lambda} H_p[P(y^* \in B)]$,由上面(a)部分得到

$$\bigcup_{p \leq \lambda} H_p [P(y \in B | z = 1)] = H_\lambda [P(y \in B | z = 1)]$$

$$\bigcup_{p \leq \lambda} H_p [P(y^* \in B)] = H_\lambda [P(y^* \in B)]$$

证毕

4.4 遵从随机占优的参数

现在假定结果 y 是实值的。命题4.3证明,对于每一个 $p \in [0, 1]$,识别域 $H_p [P(y | z = 1)]$ 包含"最小"元素 L_p,该 L_p 是被 $P(y | z = 1)$ 的所有可行值随机占优,同时包含"最大"元素 U_p,此元素 U_p 随机占优 $P(y | z = 1)$ 的所有可行值。这些最小分布与最大分布均是观测结果的分布 $P(y)$ 的截尾形式:L_p 在其 $(1 - p)$ 分位数截尾 $P(y)$,而 U_p 则在其 p 分位数截尾 $P(y)$。命题4.3运用 L_p 分布与 U_p 分布来确定遵从随机占优参数的最大可行值与最小可行值。

命题4.3 设 Y 是 R 的一个子集,包含下界与上界,即 y_0 与 y_1。设 $D(\cdot)$ 遵从随机占优。对于 $\alpha \in [0, 1]$,令 $Q_\alpha(y)$ 表示 $P(y)$ 的 α 分位数。将 L_α 与 U_α 在 R 上的概率分布如下定义

$$L_\alpha (-\infty, t) \equiv \begin{cases} P(y \leq t) / (1 - \alpha), t < Q_{(1-\alpha)}(y) \\ 1, t \geq Q_{1-\alpha}(y) \end{cases} \tag{4.10a}$$

$$U_\alpha [-\infty, t] \equiv \begin{cases} 0, t < Q_\alpha(y) \\ [P(y \leq t) - \alpha] / (1 - \alpha), t \geq Q_\alpha(y) \end{cases} \tag{4.10b}$$

设 $\gamma_0 \in \Gamma_Y$ 与 $\gamma_1 \in \Gamma_Y$ 是将全部质量分别放置于 y_0 与 y_1 的退化分布。

(a)设 p 是已知的,满足 $p < 1$。于是,$D[P(y | z = 1)]$ 上的准确下界及准确上界分别是 $D(L_p)$ 与 $D(_p)$。$D[P(y^*)]$ 上的准确界是 $D[(1 - p)L_p + p\gamma_0]$ 与 $D[(1 - p)U_p + p\gamma_1]$。

(b)对于给定 $\lambda < 1$,设已知 $p \leq \lambda$。于是,$D[P(y | z = 1)]$ 上的准确下界与上界分别是 $D(L_\lambda)$ 与 $D(U_\lambda)$。$D[P(y^*)]$ 上的准确界是 $D[(1 - \lambda)L_\lambda + \lambda\gamma_0]$ 与 $D[(1 - \lambda)U_\lambda + \lambda\gamma_1]$。

□

证明 我们首先证明,$D(L_p)$ 是 $D[P(y | z = 1)]$ 的准确下界。$D(L_p)$ 是

$D[P(y|z=1)]$ 的可行值，这是因为

$$P(y \leqslant t) = (1-p)L_p[-\infty,t] + pU_{(1-p)}[-\infty,t], \forall t \in R$$

因而，$(L_p, U_{(1-p)}) \in H_p[P(y|z=1), P(y|z=0)]$。$D(L_p)$ 是 $D[P(y|z=1)]$ 的最小可行值，因为 L_p 是被 $H_p[P(y|z=1)]$ 的每一个元素所随机占优。为了证明这一点，我们需要证明，$L_p[-\infty,t] \geqslant \eta[-\infty,t]$，对于所有 $\eta \in H_p[P(y|z=1)]$，且对于所有 $t \in R$。固定某个 η，当 $t \geqslant Q_{(1-p)}(y)$ 时，则

$$L_p[-\infty,t] - \eta[-\infty,t] = 1 - \eta[-\infty,t] \geqslant 0$$

当 $t < Q_{(1-p)}(y)$ 时，则

$$\eta[-\infty,t] > L_p[-\infty,t] \Rightarrow (1-p)\eta[-\infty,t] > P(y \leqslant t)$$
$$\Rightarrow (1-p)\eta[-\infty,t] + p\gamma[-\infty,t] > P(y \leqslant t)$$

对于所有 $\gamma \in \Gamma_Y$。这与猜想 $\eta \in H_p[P(y|z=1)]$ 相矛盾，所以对于所有 t，有 $\eta[-\infty,t] \leqslant L_p[-\infty,t]$。

现在，考察 $D(U_p)$。由命题 4.1 可知，关于 $D[P(y|z=1)]$ 的识别域是

$$P(y \leqslant t) = (1-p)U_p[-\infty,t] + pL_{(1-p)}[-\infty,t], \forall t \in R$$

因而，$(U_p, L_{(1-p)}) \in H_p[P(y|z=1), P(y|z=0)]$。$D(U_p)$ 是 $D[P(y|z=1)]$ 的最大可行值，因为 U_p 是被 $H_p[P(y|z=1)]$ 的每一个元素所随机占优。为了证明这一点，我们需要证明，$U_p[-\infty,t] \leqslant \eta[-\infty,t]$，对于所有 $\eta \in H_p[P(y|z=1)]$，且对于所有 $t \in R$。固定某个 η，当 $t < Q_p(y)$ 时，则

$$U_p[-\infty,t] - \eta[-\infty,t] = 0 - \eta[-\infty,t] \leqslant 0$$

当 $t \geqslant Q_{(1-p)}(y)$ 时，则

$$\eta[-\infty,t] < U_p[-\infty,t] \Rightarrow (1-p)\eta[-\infty,t] < P(y \leqslant t) - p$$
$$\Rightarrow (1-p)\eta[-\infty,t] + p\gamma[-\infty,t] < P(y \leqslant t)$$

对于所有 $\gamma \in \Gamma_Y$。这与猜想 $\eta \in H_p[P(y|z=1)]$ 相矛盾，所以对于所有 t，有 $U_p[-\infty,t] \leqslant \eta[-\infty,t]$。

现在，考察 $D(y^*)$。由命题 4.1 可知，关于 $P(y^*)$ 的识别域是

$$H_p[P(y^*)] \equiv \{(1-p)\eta + p\gamma, (\eta,\gamma) \in H_p[P(y|z=1)] \times \Gamma_Y\}$$

我们发现 $L_p \in H_p[P(y|z=1)]$，同时 L_p 被 $H_p[P(y|z=1)]$ 的所有元素随机地占优。分布 γ_0 属于 Γ_Y，同时被 Γ_Y 的所有元素随机占优。因此，分布 $(1-p)L_p + p\gamma_0$ 属于 $H_p[P(y^*)]$，并且被 $H_p[P(y^*)]$ 的所有元素随机占优。所以，

61

$D[(1-p)L_p + p\gamma_0]$ 是 $D[P(y^*)]$ 的最小可行值。关于上界的证明,可以类似地给出。

(b)由上面(a)部分,$D[P(y|z=1)]$ 的准确下界与准确上界分别是 $\inf_{p\leqslant\lambda} D(L_p)$ 与 $\sup_{p\leqslant\lambda} D(U_p)$。考察下界,命题4.1的(b)部分与现在命题的(a)部分一起蕴含着,$L_p\in H_\lambda[P(y|z=1)]$,$\forall p\leqslant\lambda$。另外,(a)部分已经证明,$L_\lambda$ 被 $H_\lambda[P(y|z=1)]$ 的所有元素随机占优。因此,有 $\inf_{p\leqslant\lambda} D(L_p) = D(L_\lambda)$。采用同样的推理过程,可以证明,$\sup_{p\leqslant\lambda} D(U_p) = D(U_\lambda)$。已知这些结果,关于 $D[P(y^*)]$ 的证明,可以像(a)部分那样给出。

证毕

分位数 命题4.3得到了 $P(y|z=1)$ 与 $P(y^*)$ 的分位数的简单准确下界及准确上界。推论4.3.1将要证明,每当已知误差概率小于1时,$P(y|z=1)$分位数的界均会提供有益信息的。不过,如果误差概率充分地小,则 $P(y^*)$ 的分位数的界会提供有益信息。对于 $\alpha\in(0,1)$,只有 $\alpha>\lambda$ 时,$P(y^*)$ 的 α 分位数的下界才会提供有益信息,同时只有 $\alpha\leqslant 1-\lambda$ 时,$P(y^*)$ 的 α 分位数的上界才会提供有益信息。

推论4.3.1 设 Y 是 R 的一个子集,它包含其下界与上界,即 y_0 与 y_1。令 $\alpha\in(0,1)$,对于 $a\in R$,定义当 $0<a<1$,$r_a(y)\equiv Q_a(y)$;当 $a\leqslant 0$,$r_a(y)\equiv y_0$;当 $a\geqslant 1$,$r_a(y)\equiv y_1$。

(a)设 p 是已知的,满足 $p<1$。于是,$P(y|z=1)$ 的 α 分位数的准确下界与上界分别是 $Q_{\alpha(1-p)}(y)$ 与 $Q_{[\alpha(1-p)+p]}(y)$。$P(y^*)$ 的准确下界与上界分别是 $r_{(\alpha-p)}(y)$ 与 $r_{(\alpha+p)}(y)$。

(b)对于给定的 $\lambda<1$,设已知 $p\leqslant\lambda$。于是,$P(y|z=1)$ 的 α 分位数的准确下界与准确上界分别是 $Q_{\alpha(1-\lambda)}(y)$ 与 $Q_{[\alpha(1-\lambda)+p]}(y)$。$P(y^*)$ 的 α 分位数的准确下界与准确上界分别是 $r_{(\alpha-\lambda)}(y)$ 与 $r_{(\alpha+\lambda)}(y)$。

□

证明 (a)命题4.3已经证明,对于 $P(y|z=1)$ 的 α 分位数来说,最小可行值与最大可行值是 L_p 与 U_p 的 α 分位数,也就是 $Q_{\alpha(1-\lambda)}(y)$ 与 $Q_{[\alpha(1-\lambda)+p]}(y)$。命题4.3也证明了,对于 $P(y^*)$ 的 α 分位数来说,最小可行值与最大可行值是 $[(1-p)L_p + p\gamma_0]$ 与 $[(1-p)U_p + p\gamma_1]$ 的 α 分位数,也就是 $r_{(\alpha-\lambda)}(y)$ 与 $r_{(\alpha+\lambda)}(y)$。

（b）利用命题 4.3 的（b）部分，可立刻获得此结论。

证毕

均值　命题 4.3 得到了关于期望 $E(y|z=1)$ 与 $E(y^*)$ 的简单准确下界与准确上界。推论 4.3 证明，每当误差概率已知小于 1 时，$E(y|z=1)$ 的界均会提供有益信息。当 y_0 为有限时，$E(y^*)$ 的下界会提供有益信息，而当 y_1 为有限时，$E(y^*)$ 的上界会提供有益信息。下面可立刻获得这些结果。

命题 4.3.2　设 Y 是 R 的一个子集，包括下界 y_0 与上界 y_1。

（a）设 p 是已知的，满足 p < 1。于是，关于 $E(y|z=1)$ 的准确下界与准确上界分别是 $\int ydL_p$ 与 $\int ydU_p$。关于 $E(y^*)$ 的准确下界与准确上界分别是

$$(1-p)\int ydL_p + py_0 \quad 与 \quad (1-p)\int ydU_p + py_1。$$

（b）对于给定的 λ < 1，设已知 p ≤ λ。于是，关于 $E(y|z=1)$ 的准确下界与准确上界分别是 $\int ydL_\lambda$ 与 $\int ydU_\lambda$。关于 $E(y^*)$ 的准确下界与准确上界分别是

$$(1-\lambda)\int ydL_\lambda + \lambda y_0 \quad 与 \quad (1-\lambda)\int ydU_\lambda + \lambda y_1。$$

□

补充 4A　通过补算的污染

实施重要调查的一些组织经常会对数据缺失给出估算值，并报告含有实际数据与补算数据相结合的统计信息。这种实践做法是可能的，但不必产生关注总体某些数量的一致估计值。

考察一位看到此统计报告的观察者，但他没有看到原始调查数据，同时不知道当数据出现缺失时给出补算值的规则。对于这位观察者来说，补算值是数据误差，利用本章的研究发现可对其进行分析。这里我们运用由美国人口统计局所发布的收入统计来加以说明。

美国收入分布　美国住户收入分布方面的数据，是由当前人口调查（Current Population Survey，CPS）每年一次收集整理的，汇总统计则由美国人口统计

局以当前人口报告的 P–60 系列出版物出版。美国人口统计局确定了两种抽样问题，一个是采访无回答（采访无内容），即在当前人口调查抽样框下某些住户不接受采访，另一个是项目无回答，即那些被采访者中的某些人不提供完整的收入回答。面对这些无回答问题，人口统计局使用可利用的信息来补算缺失收入数据。

从这一章的观点来看，y^* 表示当前人口调查（CPS）被选中采访的住户完成了调查填报内容时所报告的收入，e 表示人口统计局对那些没有完成调查填报的住户所给出的估算收入，而 $z = 1$ 表示当前人口调查（CPS）住户实际上完成调查填报。$P(y|z = 1)$ 表示当前人口调查中完成调查填报的住户所报告收入的分布，$P(y^*)$ 表示当前人口调查抽样框中所有住户均完成调查填报被报告的收入的分布，$P(y)$ 表示由 P–60 系列出版物提供的住户收入的分布，误差概率 p 是当前人口调查住户确实没有完成调查填报的概率。

倘若针对那些没有完成调查的人员所补算的收入分布 $P(y|z = 0)$ 与这些完成调查填报的人员所报告的收入分布 $P(y^*|z = 0)$ 相一致，人口统计局的补算做法是有效的，则 $P(y) = P(y^*)$。可是，很明显 $P(y|z = 0)$ 与 $P(y^*|z = 0)$ 相差非常大。对于人口统计局补算的实践做法的质量，本章所研究的识别域就是不可知论。

考察在 1990 年 3 月当前人口调查颁布的 1989 年美国人口统计局（1991，第 387–388 页），它提供了抽样框 60 000 住户中大约 45% 的住户没有接受采访，在 1989 年收入的数据，还有虽接受采访却大致 8% 的住户没有完成收入数据调查的数据。人口统计局的出版物并没有报告后者群体在不同住户中所涉及区域，但是我们认为，不会比 $(0.08)(0.955) = 0.076$ 多的住户是项目无回答的，所以 $\lambda = 0.121$ 给出了 p 的上界。

现在，考察 $P(y)$。人口统计局（1991，第 17 页表 5）提供了 21 个收入区间（以千美元为计量单位）的每一个数据结果

$P[0,5) = 0.053$	$P[35,40) = 0.066$	$P[70,75) = 0.018$
$P[5,10) = 0.103$	$P[40,45) = 0.060$	$P[75,80) = 0.015$
$P[10,15) = 0.097$	$P[45,50) = 0.048$	$P[80,85) = 0.013$
$P[15,20) = 0.092$	$P[50,55) = 0.043$	$P[85,90) = 0.009$
$P[20,25) = 0.087$	$P[55,60) = 0.032$	$P[90,95) = 0.008$
$P[25,30) = 0.083$	$P[60,65) = 0.028$	$P[95,100) = 0.006$
$P[30,35) = 0.076$	$P[65,70) = 0.023$	$P[100,\infty) = 0.039$

我们通过施加一个辅助假设来"填完"P(y),这里辅助假设是:除了最后一个区间外,其余每一个区间的收入均服从均匀分布。于是,我们可以获得关于P(y|$z=1$)与P(y^*)特征的界限。

例如,考察那些住户收入低于 30 000 美元的概率。我们有 P[0,30) = 0.515,$\lambda=0.121$。因此,关于 P($y\leq30$|$z=1$)的界是[0.448,0.586],而关于 P($y^*\leq30$)的界则是[0.394,0.636]。现在,考虑住户收入中位数。P(y|$z=1$)的中位数必须位于 P(y)的 0.5(1−λ)与[0.5(1−λ)+λ]的分位数之间,而 P(y^*)的中位数必须位于 P(y)的(0.5−λ)与(0.5+λ)分位数之间。如利用辅助假设:P(y)在 5 000 美元区间内是均匀的,则关于 P(y|$z=1$)的中位数的准确下界与准确上界是[25.482,33.026],而对应的 P(y_1)的中位数的准确下界与准确上界是[21.954,37.273]。

这些界阐明了人们利用系列 P−60 出版物从收入分布中所能了解到的内容。如果人们真的可以得到原始的 CPS 调查数据,则可得出更加严谨的推断,当收入数据被人们补算填表时,就会获得削弱的事例。一旦得到了原始数据,人们就可以点识别 P(y|$z=1$),并且也会知道误差概率 p。就这个信息而言,与其说人们面对的是更为严重的污染结果问题,不如说是一个结果数据缺失的问题。

补充 4B 识别和稳健推断

数据误差的混合模型成为稳健推断(robust inference)研究领域中最重要的探索内容,这件事历史悠久。休伯(Huber,1984)将误差概率的上界知识与混合模型结合起来,探讨了研究位置参数的极小化极大估计量。源自休伯的研究工作而发展的稳健推断方面的文献没有谋求确定总体参数的识别域。恰恰相反,它企图刻画当数据误差是以特定方式生成时,总体参数的点估计会有怎样的特性。主要目标是探寻那种非常不受误差影响的点估计。休伯(1981),Hampel,Ronchetti,Rouseeuw 和 Stchel(1986)都阐述了稳健推断的综合研究。

针对点估计的稳健推断先入之见,与这本书的观点形成对照。一般地讲,我很难找到对仅成为部分识别的参数进行点估计的动机。对于我来说,看起来更为自然的方式是对这样参数的识别域加以估计,或者至少它们的精确上下界。

尽管稳健推断的文献聚焦于点估计,但在其他方面,和识别分析相比,它表现得更加传统。在稳健性探索研究中,一种惯常做法是先于数据收集之前考虑推断问题。目标就是提防坏结果,即数据中误差可能会产生。但是,可能是事前的某些结果可以被事后收集得到数据之后排除。识别分析则是在给定可利用数据的经验分布知识的条件下,阐述能够做出的推断。

对无误差数据的均值 $E(y|z=1)$ 的推断问题,提供了识别分析和稳健推断之间差异的一个引人注目的范例。众所周知,在数据误差的混合模型条件下,$E(y|z=1)$ 不是稳健的。然而,这一章推论 4.3.2 却确定了 $E(y|z=1)$ 的有信息价值的准确界。

这些研究发现并不矛盾,识别分析与稳健推断对于可利用的实证证据采取了不同的立场。识别分析证明了,在给定由抽样过程所揭示的 $P(y)$ 的实证知识条件下,$E(y|z=1)$ 的什么值是可行的。因而,推论 4.3.2 已经证明,给定误差概率的上界 λ,$E(y|z=1)$ 的可行值范围是 $[\int ydL_\lambda, \int ydU_\lambda]$。与之相比,稳健推断则考虑关于什么样的 $P(y)$ 的事前情况是尚未知道的,因为抽样过程并没有执行。在这个设置背景下,稳健性研究就推测 $E(y|z=1)$ 的某个值,然后寻问 $E(y)$ 的什么值是与这个推测值相一致。给定 λ 与 $E(y|z=1)$ 的某个推测值,$E(y)$ 的可行值的集合是

$$\{(1-\lambda)E(y|z=1)+\lambda a, a \in [y_0, y_1]\}$$

当结果数据为缺失时,这个集合与 $E(y)$ 的识别域有相同的结构,唯有 y_0 与 y_1 均是有限的,这个集合才会具有有限的范围。

注　释

来源和历史评论

这一章的分析最初出现在霍罗威茨和曼斯基(1995)论文中。特别是,这里命题 4.1 至 4.3 是建立在上述论文命题 1 和命题 4 基础上。后来,霍罗威茨

和曼斯基(1997)概括总结了主要研究发现,解释怎样估计某些参数的界,如何获得这些界的渐近置信区域,同时说明怎样对不可识别总体参数进行假设检验。

　　本章所探讨的混合模型是数据误差的两个重要概念化之一。另一个是卷积模型,它将可利用的数据看成是关注结果和另一个随机变量 u 的卷积之实现值,因而 $y \equiv y^* + u$。可观测结果 y 被称为对带有变量误差(error - in - variables)的不可观测 y^* 的测度。

　　像混合模型一样,卷积模型本身并没有什么内容,可是当和分布假设结合起来,就会提供有益信息。利用卷积模型的研究人员普遍支持: u 与 y^* 是统计独立的假设,而且在某个指定意义下,$P(u)$ 在零处居于中心。于是,已知 $P(y)$ 的知识,$P(y^*)$ 的识别就称为去卷积问题(deconvolution problem)。

　　通常,研究人员利用混合模型和卷积模型,对数据误差的性质做出非嵌入的假设。从卷积模型的观点来看,混合模型的误差概率是 $p = P(u \neq 0)$。从混合模型的观点来看,卷积模型的可加误差是 $u \equiv (e - y^*)(1 - z)$。研究者利用卷积模型时,一般地讲不会对 $P(u \neq 0)$ 强加于先验的上界。研究者利用混合模型时,通常不会做数量 $(e - y^*)(1 - z)$ 与 y^* 是统计独立的假设。

回归、短回归及长回归

5.1　生态回归

很久以来,生态回归(ecological inference)问题吸引着企图预测以协变量为条件的结果的社会科学家。设总体 J 的每一个元素 j 在空间 Y 中有一个结果 y_j,在空间 X × Z 有协变量 (x_j, z_j)。设随机变量 $(y,x,z):$ J→Y × X × Z 具有分布 P(y,x,z)。通常目标是了解认识条件分布 P$(y|x,z)$ ≡ {P$(y|x = x, z = z)$,$(x,z) \in$ X × Z}。当 y 为实值时,特殊目标可能是了解认识均值回归 E$(y|x,z)$ ≡ {E$(y|x = x, z = z)$,$(x,z) \in$ X × Z}。

假定 (y,x,z) 的联合分布是不可观测的。相反,从两个抽样过程中却可以获得可利用的数据。一个抽样过程是从 J 中以随机方式抽取一些人,并生成 (y,x) 的可观测实现值,可是不涉及 z。另一个抽样过程则是以随机方式抽取人,然后生成 (x, z) 的可观测实现值,可是不涉及 y。这两个抽样过程揭示分布 P(y,x) 与分布 P(x,z)。生态推断就是运用这个实证证据来了解认识 P$(y|x,z)$。

一个典型的例子是投票行为的分析。研究者可能想要预测以选区 (x) 与人口属性 (z) 为条件的投票行为 (y),可利用的数据包括了投票区的行政记录,还有普查数据描述每一个选区的人口属性。投票记录揭示 P(y,x),而普查数据则揭示 P(x, z)。然而,可能并没有数据来源揭示 P(y,x,z)。

68

这一章研究生态推断中所表现的识别问题。为了简化表述,自始至终地假定 $X \times Z$ 是有限的,同时对于所有 $(x, z) \in X \times Z, P(x = x, z = z) > 0$。在没有做出进一步说明时,这个正则性假设始终成立。

5.2 问题解析

对于生态推断问题的结构,由全概率定律可知

$$P(y|x) = \sum_{z \in Z} P(y|x, z = z) P(z|x) \tag{5.1}$$

可利用的实证证据可以揭示短的条件分布 $P(y|x), P(z|x)$,其中短的(short)含义是指这些条件分布是以 x 而不是 z 为条件的。其目标是给出长条件分布 $P(y|x, z)$ 的推断,其中长的(long)含义是指这些分布是以 (x, z) 为条件的。

设 $x \in X$,定义 $P(y|x = x, z) \equiv \{P(y|x = x, z = z), z \in Z\}$。令 $|Z|$ 表示 Z 的基数(或称势,译者注)。分布 $[\eta_z, z \in Z] \in (\Gamma_Y)^{|Z|}$ 的 $|Z|$ 向量是关于 $P(y|x = x, z)$ 可行值,当且仅当它是有限混合问题

$$P(y|x = x) = \sum_{z \in Z} \eta_z P(z = z|x = x) \tag{5.2}$$

的解。因此,仅利用实证证据的关于 $P(y|x = x, z)$ 的识别域是

$$H[P(y|x = x, z)] = \{(\eta_z, z \in Z) \in (\Gamma_Y)^{|z|} : P(y|x = x) = \sum_{z \in Z} \eta_z P(z = z|x = x)\} \tag{5.3}$$

此外,$P(y|x, z)$ 的识别域是笛卡儿乘积 $\times_{x \in X} E[P(y|x = x, z)]$。由于全概率定律(5.1)只是针对 z 的不同值而不是 x 的不同值来限制 $P(y|x, z)$,所以由此可得。

针对长条件分布的推断 由公式(5.2)所述的有限混合问题是第4章所研究二值混合问题的推广。那里的随机变量 z 取值 0 与 1,用来表示数据误差与无误差实现值。这里的随机变量 z 在有限的协变量空间 Z 上取值。

命题 5.1 证明了,对于任意设定的协变量 $(x, z) \in X \times Z$,如果目标是推断 $P(y|x = x, z = z)$,从二值混合问题推广至有限混合问题则是微不足道的。关于 $P(y|x = x, z = z)$ 的当前识别域,是与命题 4.1 中(a)部分针对无误差数据 $P(y|z = 1)$ 的分布所获得的识别域一样的。

命题 5.1 设 $(x, z) \in X \times Z, p \equiv P(z \neq z | x = x)$，于是，关于 $P(y | x = x, z = z)$ 的识别域是

$$H[P(y | x = x, z = z)] = \Gamma_Y \bigcap \{[P(y | x = x) - p\gamma] / (1 - p), \gamma \in \Gamma_Y\} \quad (5.4)$$

□

证明 由 (5.3) 可知，$[\eta_z, z \in Z] \in E[P(y | x = x, z)]$ 当且仅当 $[\eta_z, z \in Z] \in (\Gamma_Y)^{|Z|}$，同时

$$\eta_z = [P(y | x = x) - \sum_{z' \in Z, z' \neq z} \eta_{z'} P(z = z' | x = x)] / (1 - p)$$

$$= [P(y | x = x) - p\gamma] / (1 - p)$$

其中 $\gamma \equiv \sum_{z' \in Z, z' \neq z} \eta_{z'} P(z = z' | x = x) / p$。这就证明了，关于 $P(y | x = x, z = z)$ 识别域的全部元素属于式 (5.4) 右边的分布集合。

为了证明分布的这个集合中每一个元素均是可行的，令 η_z 属于这个集合。于是，存在 $\gamma \in \Gamma_Y$，使得

$$P(y | x = x) = (1 - p)\eta_z + p\gamma$$

设 $\eta_{z'} = \gamma$，对于所有 $z' \in Z, z' \neq z$，则有

$$(1 - p)\eta_z + p\gamma = (1 - p)\eta_z + \sum_{z' \in Z, z' \neq z} \eta_{z'} P(z = z' | x = x)$$

因此，$[\eta_z, z \in Z] \in E[P(y | x = x, z)]$。

证毕

针对长条件分布的联合推断 如果目标是对长条件分布 $P(y | x = x, z)$ 的向量进行联合推断，则从二值混合问题推广至有限混合问题就会随之发生。这个分布的向量必定是式 (5.2) 所述混合问题的解，因此，式 (5.3) 所述的识别域 $H[P(y | x = x, z)]$ 一定是笛卡儿乘积 $\times_{z \in Z} H[P(y | x = x, z)]$ 的真子集。

尽管式 (5.3) 的形式简单，但因其太抽象而无法传达 $H[P(y | x = x, z)]$ 的大小和形状的更多信息。5.3 节将讨论这个问题的重要方面，这属于关于长均值回归的识别域的结构。5.4 节考察利用工具变量的两个分布假设的识别能力。

5.3 长均值回归

设 $x \in X$，式 (5.3) 蕴含着 $E(y | x = x, z)$ 的可行值是

$$H[E(y|x=x,z)] = \{(\int y d\eta_z, z \in Z), (y_z, z \in Z) \in H[P(y|x=x,z)]\}$$

$$(5.5)$$

这一节刻画从抽象形式上看比 (5.5) 弱的 $H[E(y|x=x,z)]$。

某些直接性质　我们可以立刻获得 $H[E(y|x=x,z)]$ 的一些性质。首先，通过观察发现，集合 $H[E(y|x=x,z)]$ 是凸的，期望算子是线性的。所以，$H[E(y|x=x,z)]$ 是凸集合。

其次，通过观察可以发现，对于每一个 $z \in Z$，我们已得到 $E(y|x=x,z=z)$ 的准确界。对于 $a \in [0,1]$，令 $Q_a(y|x=x)$ 表示分布 $P(y|x=x)$ 的 a 分位数，并且定义

$$L_a[-\infty,t] \equiv \begin{cases} P(y\leq t|x=x)/(1-a), & t<Q_{(1-a)}(y|x=x) \\ 1, & t\geq Q_{(1-a)}(y|x=x) \end{cases} \qquad (5.6a)$$

$$U_a[-\infty,t] \equiv \begin{cases} 0, & t<Q_a(x|x=x) \\ [P(y\leq t|x=x)-a]/(1-a), & t\geq Q_a(y|x=x) \end{cases} \qquad (5.6b)$$

设 L_{xz} 与 U_{xz} 表示 $a=P(z\neq z|x=x)$ 的分布 L_a 与 U_a，由命题 5.1 与推论 4.3.2 可知，$E(y|x=x,z=z)$ 的准确界分别是 $e_{Lxz} \equiv \int y dL_{xz}$，$e_{Uxz} \equiv \int y dU_{xz}$。所以，$H[E(y|x=x,z)]$ 是超矩形 $\times_{z\in Z}[e_{Lxz},e_{Uxz}]$ 的凸子集。

最后，通过观察可以发现，由期望迭代定理可知，$E(y|x=x,z)$ 是下面线性方程

$$E(y|x=x) = \sum_{z\in Z} E(y|x=x,z)P(z=z|x=x) \qquad (5.7)$$

的解。所以，$H[E(y|x=x,z)]$ 是凸集，它位于超矩形 $\times_{z\in Z}[e_{Lxz},e_{Uxz}]$ 与作为式 (5.7) 解的超平面之交集。

尽管这些直接性质并不能完全地描述 $E(y|x=x,z)$，但它们仍然有用。这一节后面所阐述的命题 5.2，通过证明 $H[E(y|x=x,z)]$ 具有有限多个极值点而更有用途。这些极值点是如下定义的栈分布 (stacked distributions) 的某个 $|Z|$ 元素组。推论 5.2.1 证明，当 Y 具有有限基数时，$H[E(y|x=x,z)]$ 是它的极值点的凸包。

栈分布　栈分布是 $|Z|$ 分布的序列，此分布使得第 j 分布的整个概率质量弱位于第 $(j+1)$ 个分布的概率质量的左边。为了刻画这些分布序列，设 Z 现在

是整数的有序集合$(1,\cdots,|Z|)$，该集合有$|Z|!$排列，其中每一个可生成不同的栈分布的$|Z|$向量。将这些$|Z|$向量记作$(P_{xj}^m,j=1,\cdots,|Z|),m=1,\cdots,|Z|!$。

对于m的每一个值，$(P_{xj}^m,j=1,\cdots,|Z|)$的元素是求最小值问题的递归集合的解。接下来的内容是要证明，$(P_{xj}^1,j=1,\cdots,|Z|)$的结构是建立在$Z$的最初序之上的。其他分布的$(|Z|!-1)$向量是在对$Z$排列之后可以同样方式来生成的，这里对$Z$排列是指改变执行递归的顺序。

对于每个$j=1,\cdots,|Z|$，选取P_{xj}^1以使其期望最小化，满足前面选取$(P_{xj}^1,i<j)$的分布，同时满足式(5.2)一定成立的全局条件，其递归形式如下，对于$j=1,\cdots,|Z|,P_{xj}^1$是问题

$$\min_{\psi\in\Gamma_Y}\int y\,d\psi \tag{5.8}$$

的解，使得

$$P(y|x=x)=\sum_{i=1}^{j-1}\pi_{xi}P_{xi}^1+\pi_{xj}\psi+\sum_{k=j+1}^{|Z|}\pi_{xk}\psi_k \tag{5.9}$$

其中$\pi_{xj}\equiv P(z=j|x=x),\psi_k\in\Gamma_Y,k=j+1,\cdots,|Z|$是不受限制的概率分布。

这个递归式会产生栈分布的序列。对于$j=1$，式(5.9)简化成

$$P(y|x=x)=\pi_{x1}\psi+\sum_{k=2}^{|Z|}\pi_{xk}\psi_k \tag{5.10}$$

满足式(5.10)求解(5.8)的分布是由(5.6a)所定义的L_{x1}，它是$P(y|x=x)$的右截尾形式。因而，$P_{xj}^1=L_{x1}$。

对于$j=2$，式(5.9)有下面形式

$$P(y|x=x)=\pi_{x1}L_{x1}+\pi_{x2}\psi+\sum_{k=3}^{|Z|}\pi_{xk}\psi_k \tag{5.11}$$

设v_{x1}表示求解

$$P(y|x=x)=\pi_{x1}L_{x1}+(1-\pi_{x1})v_{x1} \tag{5.12}$$

方程的分布。分布v_{x1}是$P(y|x=x)$的左截尾形式，这里$P(y|x=x)$的全部质量位于L_{x1}的右边。一旦将(5.11)和(5.12)结合起来，可以得到

$$v_{x1}=\frac{\pi_{x2}}{(1-\pi_{x1})}\psi+\sum_{k=3}^{|Z|}\frac{\pi_{xk}}{(1-\pi_{x1})}\psi_k \tag{5.13}$$

式(5.13)与(5.10)有相同形式，具体地说，用v_{x1}代替$P(y|x=x)$，$\pi_{x(k+1)}/(1-\pi_{x1})$代替$\pi_{xk}$。所以，满足(5.13)求解(5.8)的$P_{x2}^1$是$v_{x1}$的右截尾形式。

分布 P_{x1}^1 与 P_{x2}^1 都是逐步地堆叠而成的,前者分布全部质量弱位于后者分布质量的左边。同理,对 $\{P_{xj}^1, j=3, \cdots, |Z|\}$ 加以堆叠。对于每一个 j,P_{xj}^1 的质量弱位于 $P_{x(j+1)}^1$ 质量的左边。

进行堆叠蕴含着,对于 j 的每个值,P_{xj}^1 的支集的上确界可能等于 $P_{x(j+1)}^1$ 的支集的下确界,否则这些分布聚集在不相交区间上。如果 $P(y|x=x)$ 有点质量,则 P_{xj}^1 与 $P_{x(j+1)}^1$ 可能共享这个点质量。可是,当 $P(y|x=x)$ 是连续的时候,P_{xj}^1 与 $P_{x(j+1)}^1$ 就是连续的,并且它们的质量置于不相交区间上。

识别域的极端点 利用上述的准备知识,命题 5.2 证明,栈分布的期望是 $H[P(y|x=x, z)]$ 的极值点。推论 5.2.1 证明,如果 Y 具有有限基数,则 $H[P(y|x=x, z)]$ 是这些极值点的凸包。

命题 5.2 设 $e_{mx} \equiv (\int y \, dP_{xj}^m, j=1, \cdots, |Z|)$,$H[P(y|x=x, z)]$ 的极值点是 $\{e_{mx}, m=1, \cdots, |Z|!\}$。

证明 由构造可知,$\{e_{mx}, m=1, \cdots, |Z|!\}$ 中的每一个向量均是 $H[P(y|x=x, z)]$ 的可行值。此证明分为两个步骤,第 1 步骤证明,这些向量是 $H[P(y|x=x, z)]$ 的极值点。第 2 步骤证明,$H[P(y|x=x, z)]$ 没有其他极值点。在这个证明中,为了使记号简单起见,每一处都禁止采用以协变量 x 为条件的记号,例如,$H[P(y|x=x, z)]$ 与 e_{mx} 被缩写成 $H[P(y|z)]$ 与 e_m。

第 1 步骤:这里考虑 e_1 就足够了。对 Z 进行排序,这并不会改变论证。

假定 e_1 不是 $H[P(y|z)]$ 的极值点。于是,存在一个 $\alpha \in (0, 1)$,还有各自不同的向量 $(\xi', \xi'') \in H[P(y|z)]$,使得 $e_1 = \alpha\xi' + (1-\alpha)\xi''$。假定 e_1, ξ', ξ'' 的各个第一个分量不同,则有 $\xi'_1 < e_{11} < \xi''_1$,或者 $\xi''_1 < e_{11} < \xi'_1$。由构造可知,$e_{11} = e_{L1}$ 即 $E(y|z=1)$ 的全局最小值。所以,一定是如下情况:$\xi''_1 = \xi'_1 = e_{11}$。

现在,假设 e_1, ξ', ξ'' 的各个第二个分量是不同的,则有 $\xi'_2 < e_{12} < \xi''_2$,或者 $\xi''_2 < e_{12} < \xi'_2$。但是,$e_{12}$ 使 $E(y|z=2)$ 最小化,满足前面 $E(y|z=1)$ 的最小化,所以 $\xi''_2 = \xi'_2 = e_{12}$。递归地运用这种推理方式,可以证明 $\xi'' = \xi' = e_1$,不然与假设相反。因此,e_1 是 $H[E(y|z)]$ 的极值点。

第 2 步骤:设 $\xi \in H[E(y|z)]$,并且 $\xi \notin \{e_m, m=1, \cdots, |Z|!\}$。于是,$\xi$ 是非栈分布的某个可行 $|Z|$ 向量的期望。我们想要证明,ξ 不是 $H[E(y|z)]$ 的极值点。因而,我们必须证明,存在 $\alpha \in (0, 1)$,各个不同 $|Z|$ 向量 $(\xi', \xi'') \in$

$H[E(y|z)]$，使得 $\xi = \alpha\xi' + (1-\alpha)\xi''$。

设集值函数 $S(\psi)$ 表示实直线上的任何概率分布 ψ 的支集。令 $(\psi_j, j \in Z) \in (\Gamma_Y)^{|Z|}$ 是具有期望 ξ 的分布的任意可行 $|Z|$ 向量。这个 $|Z|$ 向量不是堆叠而成的，所以存在分量 ψ_i 与 ψ_k，使得 $[\inf S(\psi_i), \sup S(\psi_i)] \bigcap [\inf S(\psi_k), \sup S(\psi_k)]$ 有正的长度。因而 $\sup S(\psi_i) > \inf S(\psi_k)$ 且 $\sup S(\psi_k) > \inf S(\psi_i)$。为了容易阐述，故而令 $a_j \equiv \inf S(\psi_j)$，$b_j \equiv \sup S(\psi_j)$，对于 $j = i, k$。

现在，构造满足如下要求的分布的可行 $|Z|$ 向量：要求此分布以特殊的平衡方式，将质量在分布 ψ_i 与分布 ψ_k 之间移动，同时使 $(\psi_j, j \in Z)$ 的其他分量处于不变。令 $0 < \in < \frac{1}{2}(b_i - a_k)$。于是，$\psi_k[a_k, a_k + \in] > 0$，$\psi_i[b_i - \in, b_i] > 0$ 以及 $[a_k, a_k + \in] \bigcap [b_i - \in, b_i] = \varnothing$。

设

$$\lambda \equiv \frac{\pi_k \psi_k[a_k, a_k + \in]}{\pi_i \psi_i[b_i - \in, b_i]}$$

现在，如下定义新的 $|Z|$ 向量 $(\psi_j, j \in Z)$：对于 $j \neq i, k$，令 $\psi'_j = \psi_j$。当 $\lambda \leq 1$ 时，对于 $A \subset Y$，令

$$[\psi'_i(A), \psi'_k(A)] =$$
$$\begin{cases} [\psi_i(A) + (\pi_k/\pi_i)\psi_k(A), 0], & A \subset [a_k, a_k + \in] \\ [(1-\lambda)\psi_i(A), \psi_k(A) + (\lambda\pi_i/\pi_k)\psi_i(A)], & A \subset [b_i - \in, b] \\ [\psi_i(A), \psi_k(A)], & \text{其他} \end{cases}$$

如其不然，当 $\lambda > 1$ 时，则令

$$\begin{cases} [\psi_i(A) + (\pi_k/\lambda\pi_i)\psi_k(A), (1 - 1/\lambda)\psi_k(A)], & A \subset [a_k, a_k + \in] \\ [0, \psi_k(A) + (\pi_i/\pi_k)\psi_i(A)], & A \subset [b_i - \in, b] \\ [\psi_i(A), \psi_k(A)], & \text{其他} \end{cases}$$

因而，新的 $|Z|$ 向量将质量从区间 $[b_i - \in, b_i]$ 向左区间 $[a_k, a_k + \in]$ 移动了 ψ_j，同时，通过将质量从 $[a_k, a_k + \in]$ 向右区间 $[b_i - \in, b_i]$ 移动 ψ_k 得以补偿。λ 参数确保我们将质量移动相等的数量，而且

$$\pi_i\psi'\psi'_i + \pi_k\psi'_k = \pi_i\psi_i + \pi_k\psi_k$$

所以 $(\psi'_j, j \in Z)$ 是分布的可行 $|Z|$ 向量。对于 $(\psi_j, j \in Z)$ 的均值来说，$(\psi'_j,$

$j \in Z$)的均值如下:对于$j \neq i,k,\xi'_i < \xi_i,\xi'_k > \xi_k$。

对 i 与 k 的作用,进行类似的运算转换可产生另一个 $|Z|$ 向量 ($\psi''_j, j \in Z$)。

现在,令 $0 < \in < \frac{1}{2}(b_i - a_k)$,并重新定义 λ。这个构造将质量从区间$[b_i - \in, b_i]$向左区间$[a_k, a_k + \in]$移动了ψ_k,且将质量从区间$[a_k, a_k + \in]$向右区间$[b_i - \in, b_i]$移动 ψ_i,同时确保

$$\pi_i \psi''_i + \pi_k \psi''_k = \pi_i \psi_i + \pi_k \psi_k$$

相对于($\psi_j, j \in Z$)的均值来说,这个$|Z|$向量的均值如下:对于$j \neq i,k,\xi''_i > \xi_i$, $\xi''_k < \xi_k$。

由上面可得

$$\pi_i \xi''_i + \pi_k \xi''_k = \pi_i \xi'_i + \pi_k \xi'_k = \pi_i \xi_i + \pi_k \xi_k$$

因而,(ξ_i, ξ_k)位于(ξ'_i, ξ'_k)与(ξ''_i, ξ''_k)的连线上。此外,$\xi''_i > \xi_i > \xi'_i, \xi''_k > \xi_k > \xi'_k$,所以($\xi_i, \xi_k$)是($\xi'_i, \xi'_k$)与($\xi''_i, \xi''_k$)的严格凸组合。最后,回顾 $\xi''_j = \xi'_j = \xi_j$,对于$j \neq i,k$,因此 ξ 是 ξ' 与 ξ'' 的严格凸组合。因而,ξ 不是 $H[E(y|z)]$ 的极值点。

证毕

推论 5.2.1 设 Y 具有有限基数 $|Y|$,于是,$H[E(y|x=x,z)]$ 是它的极值点 $\{e_{mx}, m = 1, \cdots, |Z|!\}$ 的凸包。

□

证明 Minkowski 定理已经证明,$R^{|Z|}$ 中的紧凸集合是它的极值点的凸包。[1]我们已经知道,$H[E(y|x=x,z)]$ 是有界的凸集,故而只需要证明这个集合是闭的。对于$(y,j) \in (Y \times Z)$,令 ϕ_{yj} 是关于 $P(y=y|x=x,z=j)$ 的可行值。于是,式(5.2)是$|Y| \times |Z|$中$|Y|$的未知$\{\phi_{yj}, (y,j) \in (Y \times Z)\}$的线性方程组

$$P(y=y|x=x) = \sum_{j \in z} \pi_{xj} \phi_{yj}, y \in Y$$

设 Φ 表示这个方程组的解,Φ 形成了 $R^{|Y| \times |Z|}$ 中的闭集。$E(y|x=x,z)$ 的识别域是从 Φ 到 $R^{|Z|}$ 的线性映射,也就是

$$H[E(y|x=x,z)] = \{(\sum_{y \in Y} y\phi_{yj}, j \in Z), \phi \in \Phi\}$$

所以 $H[E(y|x=x,z)]$ 是闭的。

证毕

当 Y 具有有限基数时,推论 5.2.1 完全地刻画了 $H[E(y|x=\mathrm{x},z)]$。当 Y 具有无限基数时,如果 $H[E(y|x=\mathrm{x},z)]$ 是闭的,则从拓扑形式上看,这样的刻画是十分微妙的。

5.4 工具变量

命题 5.1 与 5.2 刻画了仅利用实证证据,由 $P(y|x)$ 与 $P(y|z)$ 的知识所推导的关于 $E(y|x,z)$ 的约束。若施加了某些分布假设,则可能得到更为严谨的推断。

首先,我们安排一个如下假设,其含义清晰可见,以至很少需要加以评论。假定 y 是已知的独立于 z 的均值,以 x 为条件,所以 $E(y|x,z)=E(y|x)$。从而,$P(y|x)$ 的知识本身就可识别 $E(y|x,z)$。

这一节考察两个假设,两个假设均将 x 的分量作为工具变量。设 $x=(v,w)$,$X=V\times W$。我们可以假定 y 是以 (w,z) 为条件的,独立于 v 的均值,也就是

$$E(y|x,z)=E(y|w,z) \tag{5.14}$$

作为另一种选择,可以假定,y 是以 (w,z) 为条件的、统计上独立于 v 的,也就是

$$P(y|x,z)=P(y|w,z) \tag{5.15}$$

这两个假设运用 v 作为工具变量,就假设(5.15)而言,它比假设(5.14)要更强。

命题 5.3 尽管抽象,但完整地刻画了假设(5.14)与(5.15)的识别能力。而推论 5.3.1 阐述较弱的,但更加简单的外部识别域会得到 $E(y|w,z)$ 的点识别的直接秩条件。

命题 5.3 设 $\mathrm{w}\in W$。在假设(5.14)与(5.15)下,关于 $E(y|w=\mathrm{w},z)$ 的识别域分别是

$$H_\mathrm{w}^* \equiv \bigcap_{v\in V} H[E(y|v=\mathrm{v},w=\mathrm{w},z)] \tag{5.16}$$

与

$$H_\mathrm{w}^{**} = \{(\int y\mathrm{d}\eta_z, z\in Z),(\eta_z,z\in Z)\in \bigcap_{v\in V} H[P(y|v=\mathrm{v},w=\mathrm{w},z)]\} \tag{5.17}$$

而 $E(y|w,z)$ 的相应的识别域是 $\times_{w \subset W} H_w^*$ 与 $\times_{w \in W} H_w^{**}$。

证明 考虑假设 (5.14)。对于 $(v,w) \in V \times W$，$(\eta_z, z \in Z) \in H[P(y|v = x,$ $w = w, z)]$ 当且仅当

$$P(y|v = v, w = w) = \sum_{z \in Z} \pi_{(v,w)z} \eta_z$$

令 $\xi \in R^{|Z|}$，在假设 (5.14) 下，ξ 是 $E(y|w = w,z)$ 的可行值当且仅当对于每一个 $v \in V$，存在 $H[P(y|v = v, w = w, z)]$ 的一个元素有期望 ξ。H_w^* 组成了 $E(y|w = w,z)$ 的这些可行值。

考察式 (5.15)，在这个假设下，$(\eta_z, z \in Z)$ 是 $P(y|w = w,z)$ 的可行值，当且仅当 $(\eta_z, z \in Z)$ 满足方程组

$$P(y|v = v, w = w) = \sum_{z \in Z} \pi_{(v,w)z} \eta_z$$

因而，关于 $[P(y|w = w,z), z \in Z]$ 的识别域是

$$\bigcap_{v \in V} H[P(y|v = v, w = w, z)]$$

H_w^{**} 组成了分布的这些可行域的期望。

现在，考察 $E(y|w,z)$。不论是 (5.14) 还是 (5.15) 都没有施加对各个不同 w 的约束。因此，在这些假设下，$E(y|w,z)$ 的识别域是关于 $E(y|w = w,z)$，$w \in W$ 的各个识别域的笛卡儿乘积。

证毕

简单外部识别域 命题 5.3 因为太抽象，以至于没有传递假设 (5.14) 与 (5.15) 的识别能力的意义。推论 5.3.1 证明，如果人们宁愿只利用期望迭代定律，也不愿运用全概率定律的整体能力，则有简单的外部识别域。这个推论也证明了，假设 (5.14) 是可驳斥的假设。

推论 5.3.1 （a）设假设 (5.14) 成立，令 $w \in W$。设 $|V|$ 表示 V 的基数，Π 表示 $|V| \times |Z|$ 矩阵，其中第 z 个列是 $[\pi_{(v,w)z}, v \in V]$。设 $C_w^* \subset R^{|Z|}$ 表示线性方程组

$$E(y|v = v, w = w) = \sum_{z \in Z} \pi_{(v,w)z} \xi_z, \forall v \in V \tag{5.18}$$

的解 $\xi \in \mathbf{R}^{|Z|}$ 的集合。那么，$H_w^* \subset C_w^*$。如果 Π 有秩 $|Z|$，则 C_w^* 是单元集，且 $H_w^* = C_w^*$。

（b）令 C_w^* 是空的，则假设 (5.14) 一定不成立。

证明 （a）期望迭代定律和假设(5.14)一起蕴含着,$E(y|w=w,z)$的可行值是(5.18)的解,因此,$H_w^* \subset C_w^*$。在(5.14)假设下 H_w^* 是非空的,所以(5.18)必定至少有一个解。如果 Π 有秩 $|Z|$ 时,则(5.18)有唯一解,进而得到 $H_w^* = C_w^*$。

（b）如果 C_w^* 是空的,则 H_w^* 是空的,从而(5.14)不能成立。

证毕

补充5A　结构预测

社会科学家通常想要预测如果协变量分布果真发生从 $P(x,z)$ 到某个其他分布的变化,比如说 $P^*(x,z)$,那么可观察的均值结果 $E(y)$ 会有怎样的变化。一种普遍的做法是,在如下的假设下,即长的均值回归 $E(y|x,z)$ 是结构的,这里结构意义是指在协变量分布上出现所假定的变化条件下,此回归仍然保持不变,来研究这样的预测问题。已知这个假设,在协变量分布 $P^*(x,z)$ 下,均值结果会是

$$E^*(y) \equiv \sum_{x \in X} \sum_{z \in Z} E(y|x=x,z=z)P^*(z=z|x=x)P^*(x=x)$$

为了导出 $E(y|x,z)$ 是结构的这个假设,社会科学家有时要施加形式为 $y = f(x,z,u)$ 的行为模型,其中个人结果 y 是协变量 (x,z) 及其他因素 u 的某个函数 f。如果 u 与 (x,z) 是统计独立的,同时在协变量分布出现所假定的变化条件下,并且如果 u 的分布仍然保持不变,则 $E(y|x,z)$ 就是结构的。

当 $E(y|x,z)$ 是不可识别的时候,对 $E^*(y)$ 来说会有什么结论呢?如果可利用数据揭示出 $P(y|x)$ 与 $P(z|x)$,那么就可应用这一章的研究发现。例如,在研究贫穷领域中众所周知的问题是,当人口地理分布和人口属性出现所假定的变化时来预测社会福利项目的参与。设 y 代表项目参与,x 代表地理单位,比如村,z 代表人口属性。人们可能意愿假定,在上述意义下 $E(y|x,z)$ 是结构的。行政记录会揭示按村划分的项目参与,而普查数据则会揭示按村划分的人口属性,也就是 $P(y|x)$ 与 $P(z|x)$。

在这样背景设置的条件下,利用本章的研究发现,可以得到关于 $E(y|x,z)$ 的识别域,从而得到 $E^*(y)$ 的识别域。例如,仅利用实证证据,人们可以得出

下面结论: $E^*(y)$ 位于如下集合中

$$\left\{ \sum_{x \in X} \sum_{z \in Z} \xi_{xz} P^*(z=z|x=x) P^*(x=x) ; (\xi_{xz}, z \in Z) \in H[E(y|x=x,z)], x \in X \right\}$$

注 释

来源与历史

这一章的分析最初出现在克罗斯和曼斯基(Cross and Manski, 2002),特别是,这里命题 5.2 与 5.3 是建立在那篇论文中命题 1 与 3 基础上的。

对生态推断问题进行分析的最早重要贡献是出现在 20 世纪 50 年代的社会学。鲁滨逊(Robinson, 1950)批评了将生态相关(ecological correlation),即 $P(y|x)$ 与 $P(y|z)$ 的交叉 x 相关解释成 y 与 z 的相关的习惯作法。不久以后,两篇颇具影响力的短论文发表于同一期《美国社会评论》(American Sociological Review)期刊上面。考察设置背景是 y 与 z 均为二值随机变量,邓肯和戴维斯(Duncan and Davis, 1953)、古德曼(Goodman, 1953)对识别问题展开了非正式的部分分析,对识别问题最终一般性讨论的是克罗斯和曼斯基(2002)。邓肯和戴维斯利用数值例子来说明,$P(y|x)$ 与 $P(z|x)$ 的知识蕴含着 $P(y|x,z)$ 的界。古德曼则证明了,如果将可利用的数据和如下假设: y 是工具变量的独立均值结合,对 $P(y|x,z)$ 的点识别是可能的。在本章,命题 5.1 对邓肯和戴维斯的观点加以形式化,而推论 5.3.1 则将古德曼的研究发现加以推广一般化。

这一章用到的术语短的于长的是借用与戈德伯格(Goldberger, 1991, 17.2 节),他将 $E(y|x)$ 称为短回归,而将 $E(y|x,z)$ 称为长回归。由戈德伯格所揭示的线性回归方面的经济计量文献长期关注内容,是将 y 对 x 的最小二乘法拟合所得到的参数估计值,与 y 对 (x,z) 的最小二乘法拟合所得到的参数估计值加以比较。前者拟合所得到的估计值与后者拟合所得到的估计值之差的期望有时称为"省略变量偏倚"。

在统计学中,对短回归与长回归的比较研究也是非常重要的。短回归 $E(y|x)$ 关于纯量 x 可能是增大的,而长回归 $E(y|x,z=z)$ 关于 x 可能是减小的,对于所有的 $z \in Z$,这一事实引起了统计学家的兴趣,辛普森(Simpson,

1951）起到了推动作用。辛普森悖论的研究就是试图对这种现象发生的环境加以刻画（例如，参看林德利和诺维克（Lindley and Novick，1981）、齐德克（Zidek，1984））。

正文注释

1. 参看布伦斯泰兹（Brøndsted，1983，定理5.10）。

2. 京（King，1997）研究了可以点识别 $P(y|x,z)$ 的稍欠明确的分布假设，他在一本书名为《生态推断问题的解答》中声称取得了这一成果。不过，他的假设立刻受到批评，这方面的争议发表在《美国统计协会期刊》上（弗里德曼、克莱因、奥斯特兰、罗伯茨（Freeman，Klein，Ostland，and Roberts），1998，1999；京，1999）。

基于响应的抽样

6.1 逆向回归

我们再一次考察以协变量为条件的结果的预测问题。如前所述,随机变量 $(y,x):J \rightarrow Y \times X$ 具有分布 $P(y,x)$,目标是了解条件分布 $P(y|x)$。

对于 $y \in Y$,令 J_y 表示那些有结果值 y 的人的子总体。研究者有时观察到以随机方式从子总体 J_y 抽取的协变量实现值 $y \in Y$,这种抽样过程是被流行病学家所研究的疾病流行,称之为病例对照或回顾性抽样。这是经济计量学家所研究的选择行为,称之为基于选择的抽样,或者基于响应的抽样。这里,我们采用基于响应的抽样术语。

基于响应抽样通常是受到了实际应用考察背景激发而形成的。例如,流行病学家发现,采用随机抽样是一种高成本的收集数据方法,所以他们经常转而采用不太昂贵的分层抽样设计,尤其是基于响应的设计。人们将总体分成有病的($y=1$)与健康的($y=0$)响应层,然后以随机方式在每一个层内抽样。基于响应的设计被认为是获得严重病患者观测值方面特别划算的方法,这是因为患病人员聚集在医院及其他治疗中心。

从 $J_y, y \in Y$ 中随机抽样就是揭示以结果为条件的协变量的分布 $P(x|y)$,目标是了解认识以协变量为条件的结果的分

布 $P(y|x)$，所以基于响应的抽样构成了这种由逆向回归进行推断的问题：$P(x|y)$ 的知识确实能揭示 $P(y|x)$ 的知识吗？

为了简化分析，我们设空间 $Y \times X$ 是有限的，满足 $P(x=x)>0$，所有 $x \in X$。于是，利用贝叶斯定理和全概率公式可以得到识别问题，具体如下

$$
\begin{aligned}
P(y=y|x=x) &= \frac{P(x=x|y=y)P(y=y)}{P(x=x)} \\
&= \frac{P(x=x|y=y)P(y=y)}{\sum_{y' \in Y} P(x=x|y=y')P(y=y')}, (y,x) \in Y \times X
\end{aligned}
\tag{6.1}
$$

基于响应抽样揭示了 $P(x|y)$，但是却没有提供边缘结果数据分布 $P(y)$ 的任何信息。因此，仅利用实证证据 $P(y|x)$ 的识别域是

$$
H[P(y|x)] = \left\{ \left[\frac{P(x=x|y=y)\gamma(y=y)}{\sum_{y' \in Y} P(x=x|y=y')\gamma(y=y')}, (y,x) \in Y \times X \right], \gamma \in \Gamma_Y \right\}
\tag{6.2}
$$

仔细观察 (6.2) 可以发现，对于任何给定的值 $(y,x) \in Y \times X$，实证证据没有提供关于 $P(y=y|x=x)$ 的任何信息，令 $\gamma(y=y)$ 在区间 $[0,1]$ 上取值，则可得到 $H[P(y=y|x=x)] = [0,1]$。不过，基于响应抽样会以如下方式提供信息，此方式为：$P(y=y|x=x)$ 随着 x 而变化（参看 6.4 节）。

研究基于响应抽样的经济计量学家和流行病学家，通过将实证证据与其他的各种各样信息形式相结合，考察 $P(y|x)$ 的点识别特征。6.2 节阐述了经济计量学领域中盛行的实际做法，即将关于结果或协变量的边缘分布方面的辅助数据与基于响应抽样的数据相结合。6.3 节阐述了流行病领域中盛行的实际做法，即关注于二值响应背景（也就是，Y 包含两个元素），同时研究在罕见疾病假设下的推断。

6.4 节和 6.5 节阐明了二值响应背景下部分识别的研究发现。6.4 节分析了仅利用实证证据所得到的识别域 $H[P(y|x)]$，同时推导出流行病学中普遍使用的相对危险度（relative risk）与归因危险性（attributable risk，又称特异危险度）统计量方面的有信息价值的准确界。6.5 节考察了当协变量数据只对两个子总体 $J_y, y \in Y$ 之一才是可观测的时候的推断问题。

6.2　结果或协变量的辅助数据

基于响应抽样是有问题的,这是因为抽样过程关于边缘结果数据分布 $P(y)$ 没有提供任何信息。基于响应抽样的经济计量学方面文献建议,通过收集能揭示 $P(y)$ 的辅助数据加以解决。

有关总体结果的行政记录,或者总体的随机样本的辅助调查都可以直接揭示 $P(y)$。作为另一种选择,有关总体协变量的行政记录或者辅助的随机样本调查都可以揭示边缘协变量分布 $P(x)$。对于后者情况针对 $P(y)$ 的可行值 $P(x)$ 与 $P(x|y)$ 的知识,时常用于求解全概率公式

$$P(x = x) = \sum_{y \in Y} P(x = x|y = y) P(y = y), x \in X \tag{6.3}$$

如果 X 的基数至少与 Y 的同样多,那么(6.3)一般地说有唯一的解。例如,令 x 与 y 均为二值随机变量,$X = \{0,1\}$,$Y = \{0,1\}$,于是(6.3)简化成

$$P(x = 1) = P(x = 1|y = 1)P(y = 1) + P(x = 1|y = 0)[1 - P(y = 1)] \tag{6.4}$$

基于响应抽样可识别 $P(x = 1|y = 1)$ 与 $P(x = 1|y = 0)$。因此,唯有 $P(x = 1|y = 1) \neq P(x = 1|y = 0)$,揭示 $P(x)$ 的辅助数据才会使 $P(y)$ 有解。

6.3　罕见病假设

流行病学家通常利用基于响应抽样来研究疾病的流行传播,这些疾病是总体中频繁发生的。设 y 表示二值变量,当一个人患有特定疾病时,则 $y = 1$,否则 $y = 0$。流行病学家使用两种统计量,即相对危险度与归因危险度来测度疾病流行随可观测协变量怎样变化的。

对于具有不同协变量值比如说 $x = k$ 与 $x = j$ 的某些人员患病的相对危险度(RR)

$$RR \equiv P(y = 1|x = k)/P(y = 1|x = j)$$

$$= \frac{P(x = k|y = 1)}{P(x = j|y = 1)} \cdot \frac{P(x = j|y = 1)P(y = 1) + P(x = j|y = 0)P(y = 0)}{P(x = k|y = 1)P(y = 1) + P(x = k|y = 0)P(y = 0)}$$

而归因危险度(AR)是

$$AR \equiv P(y=1|x=k) - P(y=1|x=j)$$

$$= \frac{P(x=k|y=1)P(y=1)}{P(x=k|y=1)P(y=1) + P(x=k|y=0)P(y=0)} -$$

$$\frac{P(x=j|y=1)P(y=1)}{P(x=j|y=1)P(y=1) + P(x=j|y=0)P(y=0)} \quad (6.6)$$

在每一个表示式中,第一个等式是概念定义,而第二个等式则是由(6.1)得到的。

例如,令 y 表示心脏病的发生,x 表示某个人是否吸烟(吸烟 = k,不吸烟 = j)。于是,RR 给出了以吸烟为条件的心脏病发生的概率与以不吸烟为条件的心脏病发生的概率之比,而 AR 则给出了这两个概率的差。

流行病方面的教科书既讨论相对危险度,又探讨归因危险度,可是实证研究却关注于相对危险度。从公共卫生的角度来看,很难判评这样的研究。改变危险度因素诸如吸烟对健康的影响大概取决于治愈疾病的数量,也就是取决于归因危险度与总体数量的乘积。然而,对于这个等式来说,相对危险度统计量并没有提供任何信息。

不过,相对危险度在流行病学研究中仍旧继续发挥着重要的作用,其根本原因在于,在罕见病假设下,即令疾病的边缘概率趋近于 0,则相对危险度是点识别的。当 $P(y=1)\to 0$ 时

$$\lim_{P(y=1)\to 0} RR \frac{P(x=k|y=1)P(x=j|y=0)}{P(x=j|y=1)P(x=k|y=0)} \quad (6.7)$$

抽样过程揭示了(6.7)右边的数量,所以罕见病假设识别了相对危险度。将右边的表示式称为比值比(odds ratio,记为 OR),原因在于它是具有协变量 k 的患者与具有协变量 j 的患者比值之比,也就是,由(6.1)可得到

$$OR \equiv \frac{P(x=k|y=1)P(x=j|y=0)}{P(x=j|y=1)P(x=k|y=0)}$$

$$= \frac{P(y=1|x=k)P(y=0|x=j)}{P(y=0|x=k)P(y=1|x=j)} \quad (6.8)$$

通过观察可以发现,(6.8)中的等式并不需要罕见病假设。比值比可仅利用实证证据来进行识别。

罕见病假设同样可以点识别归因危险度,只是其结果毫无启发意义。令

$P(y=1)\to 0$,可得

$$\lim_{P(y=1)\to 0} AR = 0 \tag{6.9}$$

因而,罕见病假设蕴含着,从公共卫生的角度来看,这样的疾病是无关紧要的。

6.4 相对危险度和归因危险度的界

这一节证明,如果在不利用罕见病假设或任何其他信息条件下,仅利用实证证据会了解到相对危险度和归因危险度什么信息。可以证明,基于响应抽样可以部分地识别这两个数量。如同 6.3 节一样,现在的分析假定 y 是二值变量。

相对危险度 考察公式(6.5)中的相对危险度,基于响应抽样揭示了右边除 $P(y)$ 之外的所有数量。因此,相对危险度(RR)的可行值可以通过分析当 $P(y=1)$ 在单位区间上变化时,(6.5)右边是怎样变化的来加以确定。由命题 6.1 所给出的结论可知如下结果相对危险度一定位于比值比与数值 1 之间。

命题 6.1 设 $P(x|y=1)$ 与 $P(x|y=0)$ 是已知的,于是,RR 的识别域是

$$OR \leqslant 1 \Rightarrow H(RR) = [OR, 1] \tag{6.10a}$$

$$OR \geqslant 1 \Rightarrow H(RR) = [1, OR] \tag{6.10b}$$

□

证明 相对危险度关于 $P(y=1)$ 是可微的、单调函数,其变化的方向取决于 OR 是小于 1 还是大于 1。为了理解这一点,令 $p \equiv P(y=1)$,$P_{im} \equiv P(x=i|y=m)$,对于 $i=j,k$ 以及 $m=0,1$。将 RR 以显性形式写成 p 的函数,因而,定义

$$RR_p \equiv \frac{P_{k1}}{P_{j1}} \cdot \frac{(P_{j1}-P_{j0})p + P_{j0}}{(P_{k1}-P_{k0})p + P_{k0}}$$

RR_p 对 p 的导数是

$$\frac{P_{k1}}{P_{j1}} \cdot \frac{P_{j1}P_{k0} - P_{k1}P_{j0}}{[(P_{k1}-P_{k0})p + P_{k0}]^2}$$

当 OR < 1 时,此导数为正的,当 OR = 1 时,此导数为零,当 OR > 1 时,此导数为负的。因此,当 p 等于它的极值 0 与 1 时,RR_p 的极值就出现。令 p = 0,可得到 RR = OR,而令 p = 1,可得到 RR = 1。由于 RR_p 关于 p 是连续的,所以中间值是

可行的。

证毕

回顾前面知识,罕见病假设使得相对危险度等于比值比。因而,这个假设总是使得相对危险度表现得更加远离它们实际上所处的位置。此种偏倚的数量大小取决于所研究疾病的实际流行传播,当 $P(y=1)$ 远离 1 时,偏倚就会增大。

归因危险度 考察式(6.6)中的归因危险度,基于响应抽样又一次地揭示了右边除 $P(y)$ 之外的所有数量。因此,归因危险度(AR)的可行值可以通过分析当 $P(y=1)$ 在单位区间上变化时,(6.6)右边是怎样变化的来加以确定。定义

$$\beta \equiv \left[\frac{P(x=j|y=1)P(x=j|y=0)}{P(x=k|y=1)P(x=k|y=0)} \right]^{\frac{1}{2}} \tag{6.11}$$

与

$$\pi \equiv \frac{\beta P(x=k|y=0) - P(x=j|y=0)}{\left[\beta P(x=k|y=0) - P(x=j|y=0) \right] - \left[\beta P(x=k|y=1) - P(x=j|y=1) \right]} \tag{6.12}$$

设

$$AR_\pi = \frac{P(x=k|y=1)\pi}{P(x=k|y=1)\pi + P(x=k|y=0)(1-\pi)} -$$
$$\frac{P(x=j|y=1)\pi}{P(x=j|y=1)\pi + P(x=j|y=0)(1-\pi)} \tag{6.13}$$

是当 $P(y=1) = \pi$ 时归因危险度所取的值。由命题 6.2 所给出的结论可知如下结果:AR 一定位于 AR_π 与 0 之间。

命题 6.2 设 $P(x|y=1)$ 与 $P(x|y=0)$ 是已知的。于是,AR 的识别域是

$$OR \leq 1 \Rightarrow H(AR) = \left[AR_\pi, 0 \right] \tag{6.14a}$$
$$OR \geq 1 \Rightarrow H(AR) = \left[0, AR_\pi \right] \tag{6.14b}$$

□

证明 当 $P(y=1)$ 从 0 到 1 增大时,归因危险度会以抛物线形式变化,此抛物线的方向取决于比值比是小于 1 还是大于 1。为了理解这一点,令 $p \equiv P(y=1)$, $P_{im} \equiv P(x=i|y=m)$,对于 $i=j,k$ 以及 $m=0,1$。将 AR 以显性形式写成 p 的函数,因而,定义

$$AR_p \equiv \frac{P_{k1}p}{(P_{k1} - P_{k0}p + P_{k0})} - \frac{P_{j1}p}{(P_{j1} - P_{j0})p + P_{j0}}$$

AR_p 对 p 的导数是

$$\frac{P_{k1}P_{k0}}{\left[(P_{k1} - P_{k0})p + P_{k0}\right]^2} - \frac{P_{j1}P_{j0}}{\left[(P_{j1} - P_{j0})p + P_{j0}\right]^2}$$

此导数在

$$\pi = \frac{BP_{k0} - P_{j0}}{(BP_{k0} - P_{j0}) - (BP_{k1} - P_{j1})}$$

以及在

$$\pi^* = \frac{BP_{k0} + P_{j0}}{(BP_{k0} + P_{j0}) - (BP_{k1} + P_{j1})}$$

均为零,其中 $\beta \equiv (P_{j1}P_{j0}/P_{k1}P_{k0})^{\frac{1}{2}}$ 已由式(6.11)所定义。仔细观察两个根,它们揭示了 π 总是位于 0 与 1 之间,而 π^* 总是位于单位区间之外,所以,π 是唯一相关的根。因而,AR_p 随着 p 从 0 到 1 的不断变大而呈现抛物线形式的变化。

考察在 $p = 0$ 与 $p = 1$ 时,$AR_p = 0$。通过仔细观察,可以证明 AR_p 在 $p = 0$ 与 $p = 1$ 时的导数,其抛物线的方向取决于比值比的数量大小。如果 OR < 1,则有当 p 从 0 到 1 变大时,可以证明 AR_p 会出现从 0 连续地下降到它在 π 处的最小值,然后上升回到 0。如果 OR > 1,则 AR_p 会出现从 0 连续地上升到它在 π 处的最大值,然后下降回到 0。在 OR $= 1$ 的边界线情况,AR_p 并不随着 p 而变化。

证毕

6.5　从响应层抽样

针对基于响应抽样的方法研究关注如下情况:从所有子总体($J_y, y \in Y$)随机抽样样本,进而了解认识以协变量为条件的分布 $P(x|y)$ 的所有信息。然而,人们经常从这些子总体中的一个子集来抽样。例如,研究疾病流行传播的流行病学家,可能会利用医院记录来认识协变量患者($y = 1$)的分布,但是却无法和健康($y = 0$)人群的数据相比较。研究福利项目参与者的社会政策分析者可能利用福利系统的政府记录来认识福利接受者($y = 1$)的出身背景,但却无法和非接受者($y = 0$)的信息加以比较。

如同这些例子一样,假设 y 是二值变量,人们可以从子总体 J_1 中抽样,$y = 1$,否则从 J_0 中抽样时,$y = 0$,所以基于响应抽样揭示了 $P(x | y = 1)$,但没有揭示 $P(x | y = 0)$。通过仔细观察(6.5)与(6.6)可以发现,$P(x | y = 1)$ 的知识并没有揭示相对危险度与归因危险度。可是,如果将 $P(x | y = 1)$ 的知识与关于边缘结果或协变量分布的辅助数据相结合,那么进行推断是可行的。

首先考察如下情况:辅助数据合集揭示了两个边缘分布,即 $P(y)$ 与 $P(x)$。等式(6.1)表明,$P(y = 1 | x)$ 是点识别的。如果 y 是二值变量,这意味着 $P(y | x)$ 是点识别的。

命题6.3 与 6.4 考察这种情况:一个边缘分布是已知的,另一个则是未知的。这两个命题给出了关于 RR,AR 的识别域,还有响应概率本身。

命题6.3 设 $P(x | y = 1)$ 与 $P(y = 1)$ 均为已知的。于是,关于 RR 与 AR 的识别域是

$$H(RR) = \left[\frac{P(x = k | y = 1) P(y = 1)}{P(x = k | y = 1) P(y = 1) + P(y = 0)}, \right.$$

$$\left. \frac{P(x = j | y = 1) + P(y = 0)}{P(x = j | y = 1) P(y = 1)} \right] \quad (6.15)$$

$$H(AR) = \left[-\frac{P(y = 0)}{P(x = k | y = 1) P(y = 1) + P(y = 0)} \right.$$

$$\left. \frac{P(y = 0)}{P(x = j | y = 1) P(y = 1) + P(y = 0)} \right] \quad (6.16)$$

对于 $x \in X$,关于 $P(y = 1 | x = x)$ 的识别域是

$$H[P(y = 1 | x = x)] = \left[\frac{P(x = x | y = 1) P(y = 1)}{P(x = x | y = 1) P(y = 1) + P(y = 0)}, 1 \right] \quad (6.17)$$

□

证明 关于 RR 与 AR 的准确下界(上界),可通过令式(6.5)与(6.6)中的 $P(x = j | y = 0)$ 等于 0(或者 1),$P(x = k | y = 0)$ 等于 1(或者 0)来获得。由于 RR 与 AR 随 $P(x = j | y = 0)$ 与 $P(x = k | y = 0)$ 连续变化,所以中间值是可行的。

关于 $P(y = 1 | x = x)$ 的准确下界(上界),可通过令式(6.1)中的 $P(x = x | y = 0)$ 等于 1(或者 0)来得到。由于 $P(y = 1 | x = x)$ 随 $P(x = x | y = 0)$ 连续变化,所以中间值是可行的。

证毕

命题6.4 设 $P(x|y=1)$ 与 $P(x)$ 均为已知的。于是,RR 是点识别的,满足

$$RR = \frac{P(x=k|y=1)P(x=j)}{P(x=j|y=1)P(x=k)} \tag{6.18}$$

令 $c \equiv \min_{i \in X}[P(x=i)/P(x=i|y=1)]$,关于 $P(y=1|x=x)$ 的识别域是下面区间

$$H[P(y=1|x=x)] = [0, cP(x=x|y=1)/P(x=x)] \tag{6.19}$$

AR 的识别域是

$$d \leqslant 0 \Rightarrow H(AR) = [cd, 0] \tag{6.20a}$$

$$d \geqslant 0 \Rightarrow H(AR) = [0, cd] \tag{6.20b}$$

其中 $d \equiv [P(x=k|y=1)/P(x=k) - P(x=j|y=1)/P(x=j)]$。

□

证明 回顾公式(6.1),(由贝叶斯定理)利用其第一个等式可得

$$P(y=1|x=x) = \frac{P(x=x|y=1)P(y=1)}{P(x=x)}, x \in X$$

由这个式子与相对危险度的定义可以得到公式(6.18)。

现在,固定 x,并且考察关于 $P(y=1|x=x)$ 的推断。由假设知,$P(x=x|y=1)$ 与 $P(x=x)$ 是已知的。$P(y=1)$ 是未知的,但一定位于区间 $[0, c]$ 内。为了理解这一点,设 i 是 X 的任一个元素,然后将 $P(x=i)$ 写成

$$P(x=i) = P(x=i|y=1)P(x=i) + P(x=i|y=0)[1 - P(y=1)]$$

求解 $P(x=i|y=0)$,可得

$$P(x=i|y=0) = \frac{P(x=i) - P(x=i|y=1)P(y=1)}{1 - P(y=1)}$$

此概率 $\{P(x=i|y=0), i \in X\}$ 一定满足不等式 $\{0 \leqslant P(x=i|y=0), i \in X\}$,同时其和一定为 1。对于 $P(y=1)$ 的所有值来说,这些概率和为 1,但是不等式 $\{0 \leqslant P(x=i|y=0), i \in X\}$ 成立当且仅当 $P(y=1) \leqslant c$,由此可得(6.19)。

最后,考察归因危险度。由 AR 与 d 的定义可知,$AR = P(y=1)d$。实证证据揭示了 d,而且可以发现,$P(y=1) \in [0, c]$。因此,公式(6.10)成立。

证毕

补充 6A 吸烟与心脏病

利用吸烟与心脏病方面的数值例子来阐明一些研究成果,这个例子取自于曼斯基(1995,第 4 章)。

设 y 表示心脏病发生,令以吸烟($x=k$)与不吸烟($x=j$)为条件的心脏病发生的概率分别是 0.12 与 0.08,设吸烟的人所占比例是 0.50。这些数值意味着心脏病的边缘概率是 0.10,同时我们可以得到,以患病与健康为条件的吸烟概率分别是 0.60 与 0.49。这意味着,比值比是 1.57,相对危险度是 1.50,归因危险度是 0.04。因而,此例子的参数如下

$P(y=1|x=k)=0.12$ $P(y=1|x=j)=0.08$ $P(x=k)=P(x=j)=0.50$

$P(y=1)=0.10$ $P(x=k|y=1)=0.60$ $P(x=k|y=0)=0.49$

$OR=1.57$ $RR=1.50$ $AR=0.04$

研究者确实不知道 RR 与 AR。可是,命题 6.1 已经证明,RR 位于 OR 与 1 之间,所以实证证据揭示 $RR\in[0,1.57]$。由命题 6.2 所定义的数量 (β,π,AR_{π}) 取值如下:$\beta=0.83$,$\pi=0.51$,而 $AR_{\pi}=0.11$。因此,实证证据揭示 $AR\in[0,0.11]$。

利用先验信息得到更精准的界 上述计算均假定没有边缘概率 $P(y=1)$ 的先验信息。人们一旦拥有人群中心脏病流行传播的信息,可以使界变得更为精准。这样做的一种简单方法是将命题 6.1 与 6.2 推广至下面情况:允许 $P(y=1)$ 在所限制的范围内变化,而不是局限于区间 $[0,1]$ 上。

King 和 Zeng(2002)以这种方式推广了命题,同时重新考察了当允许 $P(y=1)$ 在范围 $[0.05,0.15]$ 上变化时前面数值的例子。在 $P(y=1)$ 位于区间 $[0.05,0.15]$ 假设下,他们求出 $RR\in[1.46,1.53]$,$AR\in[0.021,0.056]$。

从一个响应层抽样 假定人们得到患者的而不是健康人的随机样本,所以 $P(x|y=1)$ 是已知的,但却不知道 $P(x|y=0)$,考察在这种设置背景下的命题 6.3 和命题 6.4。

首先,假定结果数据分布是已知的。由命题 6.3,$P(y=1|x=k)\in[0.63,1]$,$P(y=1|x=j)\in[0.04,1]$,$RR\in[0.63,23.5]$,而 $AR\in[-0.94,0.96]$。

因而,在这个例子中,知晓心脏病的边缘概率几乎没有什么识别能力。

现在,假定协变量分布是已知的。由上面例子的参数可得,$c = 0.83$,所以利用命题 6.4 得到 $P(y = 1 | x = k) \in [0, 1]$,$P(y = 1 | x = j) \in [0, 0.067]$。由于数量 $d = 0.4$,故 $AR \in [0, 0.33]$。因而,知晓人群中吸烟流行传播程度,尽管没有揭示响应概率的数量,但却揭示了许多归因危险度与点识别相对危险度。

注　释

来源与历史评论

6.4 节与 6.5 节的分析最初出现在曼斯基(1995,2001)的书中。特别是,命题 6.1 与 6.2 建立在曼斯基(1995,第 4 章)的基础上,而命题 6.3 与 6.4 则是建立在曼斯基(2001,命题 3 与 4)的基础上。曼斯基和莱曼(Manski and Lerman)建议,利用辅助结果数据集合来认识 $P(y)$。Hsieh, Manski 和 McFadden (1985)已经证明,辅助协变量数据可以推断 $P(y)$。

康菲尔德(Cornfield, 1951)曾经证明,罕见病假设可以点识别相对风险。对于公共卫生来说,缺乏相关的相对风险,这一点很久以前就受到人们的批评,例如,参看伯克森(Borkson, 1958)、弗莱斯(Fleiss)(1981,6.3 节)以及 Hsich, Manski 和 McFadden(1985)。

当人们关注的条件期望是 $E(y | x)$ 时,均值回归方面的文献中通常使用逆向回归术语来表示条件期望 $E(y | x)$,参看戈德伯格(1994)。

处理响应分析

7.1 问题解析

这本书余下四章的内容将探讨随处可见、独特的结果数据缺失的问题。此问题是处理响应实证分析中涉及反事实结果（counterfactual outcomes）的不可观察性。

研究处理响应的目的是预测如果将各种不同的处理规则应用于总体时会出现怎样的结果。处理是互不相交的，所以人们不能观察到所有处理情况下某个人所经历的结果。人们至多可以观察到实际接受处理情况下某个人所经历的结果。从逻辑上看，某个人在其他处理条件下所经历的反事实结果是不可观测的。

例如，假如患有特定疾病的患者可以接收药物治疗，也可以通过手术治疗，相关的结果就是人的寿命期限。人们可能想要预测，患有特定疾病的患者真的接收每一种处理时的寿命期限。可利用的数据可能就是这些患者的实际寿命期限，这部分患者的一些人接收药物治疗，而其余人则通过手术治疗。

在推测处理规则条件下预测结果 为了使推断问题具有一定形式，设总体 J 的每一个元素 j 有协变量 $x_j \in X$，响应函数 $Y_j(\cdot): T \to Y$ 将互不相交的且穷尽的处理 $t \in T$ 映射到结果 $y_j \in Y$。设 $z_j \in T$ 表示某个人 j 接受的处理，同时 $y_j \equiv y_j(z_j)$ 表示某个人 j 所经历的结果。于是,对于 $t \neq z_j$ 来说,$y_j(t)$ 是反事实结果。

设 $y(\cdot):J \rightarrow Y^{|T|}$ 表示将总体映射到其响应函数的随机变量。令 $z:J \rightarrow T$ 表示将 J 的元素映射到元素实际上所接受处理上的当前现有处理规则。响应函数是不可观测的,但协变量已实现处理及已实现结果可能是可观测的。如果这样,从 J 中随机抽样揭示出现状(结果、处理)分布 $P(y,z|x)$,还有协变量分布 $P(x)$。

处理响应分析的独特问题是,预测在替代当前现有处理规则的另一种可供选择的处理规则条件下所出现的结果。令 $\tau:J \rightarrow T$ 表示推测处理规则,人们喜欢预测到的那种结果。因而,某个人的结果在规则 τ 下会是 $y_j(\tau_j)$。每当 $\tau_j \neq z_j$ 时,这个结果则是反事实的。因此,抽样过程确实不能揭示推测结果数据分布 $P[y(\tau)|x]$。问题是通过将 $P(y,z|x)$ 的实证知识与可信先验信息结合起来认识理解 $P[y(\tau)|x]$。

为了简化表述起见,本章内容分析均假定:协变量空间 X 是有限的,并且 $P(x=z,z=t) > 0,(t,x) \in T \times X$。在没有进一步说明的情况下,这些正规性条件均成立。

选择问题　研究处理响应的研究者经常想要预测,在推测处理规则条件下,会发生什么结果,这里的推测处理规则意指有相同协变量的全部人员接受同样的处理。例如,考虑前面曾经刻画的医学背景。设相关协变量是年龄,于是,我们的处理规则命令所有患者接受药物治疗,另一种情况是所有患者通过手术治疗,或者年龄较大的患者接受药物治疗,而较年轻患者则通过手术治疗。

由定义知道,$P[y(t)|x=z]$ 是具有协变量 x 的所有患者真的接受某个特定处理时,所发生的那种结果数据分布。因此,在执行以协变量为条件的均匀处理的规则条件下,对结果进行预测则需要关于分布 $\{P[y(t)|x],t \in T\}$ 的推断。来自于 $P(y,z|x)$ 知识的这些分布的识别问题普遍被称为选择问题(selection problem)。

选择问题的结构和第 1 章与 3.2 节结果数据缺失问题的结构是一样的。为了弄清楚这一点,可将 $P[y(t)|x=z]$ 写成

$$P[y(t)|x=x]$$
$$= P[y(t)|x=x,z=t]P(z=t|x=x) + P[y(t)|x=x,z \neq t]P(z \neq t|x=x)$$

$$= P(y|x=x, z=t) P(z=t|x=x) + P[y(t)|x=x, z\neq t] P(z\neq t|x=x) \quad (7.1)$$

第一个等式是由全概率定律得到的。第二个等式的成立,原因在于 $y(t)$ 是接受处理 t 的那些人员所经历的结果。抽样过程揭示出 $P(y|x=z, z=t)$,$P(z=t|x=z)$ 及 $P(z\neq t|x=z)$,但是它关于 $P[y(t)|x=x, z\neq t]$ 却没有提供任何信息。因此,在仅利用实证证据时,关于 $P[y(t)|x=x]$ 的识别域是

$$H\{P[y(t)|x=x]\} = \{P(y|x=x, z=t) P(z=t|x=x) + \gamma P(z\neq t|x=x), \gamma \in \Gamma_Y\}$$
$$(7.2)$$

现在,我们考察推测结果数据分布集合 $\{P[y(t)|x], t \in T\}$。就反事实结果数据分布 $\{P[y(t)|x=x, z\neq t], t \in T, x \in X\}$ 而言,抽样过程没有联合提供任何信息,它可在 $\times_{(t,x)\in T\times X} \Gamma_Y$ 内取任何值。所以在仅仅利用实证证据时,$\{P[y(t)|x], t \in T\}$ 的识别域是如下笛卡儿乘积

$$H\{P[y(t)|x], t \in T\} = \times_{(t,x)\in T\times X} H\{P[y(t)|x=x]\} \quad (7.3)$$

通过观察可以发现,实证证据并不能驳斥这样的假设:所有处理以 x 条件为具有同样的结果数据分布。考虑假设 $P[y(t)|x] = P[y(t')|x]$,对于所有 $(t, t') \in T \times T$。识别域(7.3)必须包含满足这个假设的分布。最容易弄清楚这一点的方法是,观察实证证据不能驳斥更强于假设 $\{y_j(t) = y_j$,所有 $(t, j) \in T \times J\}$,也就是每一个人的反事实结果原则上可以与他实际上所经历的结果是相同的。

随机处理选择 选择问题的一种常见求解"方法"是,假定当前现有处理规则可使已实现的处理以 x 为条件在统计上独立于响应函数,也就是

$$P[y(\cdot)|x] = P[y(\cdot)|x, z] \quad (7.4)$$

对于每一个 $t \in T$ 与 $x \in X$,这个假设蕴含着

$$P[y(t)|x=x] = P[y(t)|x=x, z=t] = P(y|x=x, z=t) \quad (7.5)$$

这个抽样过程揭示了 $P(y|x=z, z=t)$。因此,假设(7.4)可以点识别 $P[y(t)|x]$。

假设 7.4 在经典随机化实验中是可信的,其中显性的随机化机制被用于指派处理,而且所有人遵从对他们的处理指派。在另外一些应用背景下,该假设的可信性几乎总是引起人们的争议。

今后任务 这一节开始介绍了在推测处理规则下,预测结果的一般问题,然后考察选择问题的基本要素。这一章的剩下内容运用社会规划问题,来激发

执行以协变量为条件的一致处理的规则,同时证明选择问题是如何影响处理选择的。第 8 章和第 9 章研究某些单调性假设的识别能力,这些单调性假设在处理响应分析中可能是可信的、有用的。第 10 章研究混合问题,也就是,在推测处理规则条件下的预测结果的问题,这里的推测处理规则并没有执行以协变量为条件的一致处理。

7.2　异质性总体中的处理选择

从应用角度来看,对处理响应进行实证研究的重要目标是,为决策者提供执行选择处理时有用的信息。决策者通常是规划者,规划者必须面对异质性处理总体进行执行选择处理。规划者想要执行选择处理,便于处理结果使得处理总体的福利最大化。

例如,考察医生针对患者总体选择治疗。医生可能观察到每一位患者的人口特征、病历以及诊断检测的结果,进而他可以选择如下治疗规则,即选取治疗规则将治疗作为这些协变量的函数。假如医生的行为代表他的患者,关注的结果就是患者健康状况的衡量水平,而福利则可以是这个健康状况的测量水平减去以可比较单元所测度的治疗成本。

举另一个例子,考察法官对有罪的犯罪者总体选择判刑。法官可以观察到每一个犯罪者的过去犯罪记录、法庭上的行为以及其他特征。依据立法判刑原则,法官当选择判刑时会考虑到这些协变量。如果法官行为代表着社会正义,人们关注的结果可以是对罪行的衡量水平,而福利则可以是这个罪行衡量水平减去实施犯罪的成本。

我们这里对规划者问题阐述一种简单的完整表述:通常规划者要对结果分布 $\{P[y(t)|x], t \in T\}$ 进行推断,特别是对条件均值结果 $\{E[y(t)|x], t \in T\}$ 进行推断。首先,我们设定规划者的选择集合、目标函数,然后推导最优处理规则。

选择集合　假定处理存在一个有限的互不相交且穷尽的集合 T。规划者必须对处理总体中的每一个元素选取一个处理,记为 J^*。总体 J^* 的每一个元素具有可观测的协变量 $x_j \in X$,同时具有不可观测的响应函数 $y_j(\cdot):T \to Y$ 将处理映射到实值的结果。

对于所要研究总体 J 来说,处理总体 J^* 是依分布识别的(identical in distribution),此总体的处理都已经被选取,而且结果都能实现。因而(J^*, Ω, P)是一个概率空间,其概率测度 P 与(J, Ω, P)的相吻合。J 与 J^* 之间的唯一差异是,前者总体已经被应用于当前现有处理规则 z,而后者总体则尚未决定处理规则。

没有预算或其他限值因素会使得选择某些治疗规则是不可行的。然而,规划者不能区分带有相同可观测的协变量的个体,从而不能执行那种对这些个体系加以区别的处理规则。因此,可行的非随机化规则是将可观测的协变量映射到处理的函数。[1] 因而,以协变量为条件的一致处理自然出现在规划者问题中。

正式地,设 Z(X)是将 X 映射到 T 的全部函数。令 $z(\cdot) \in Z(X)$,所以可行处理规则具有形式 $\tau_j = z_j(x_j), j \in J^*$。

目标函数 假定规划者想要使总体平均福利最大化。设从对个体 j 的指派处理中所获得的福利具有可加形式 $y_j(t) + c(t, x_j)$。因此对规划者来说 $c(\cdot, \cdot): T \times X \to R$ 是在处理选取时间为实值的已知成本函数。对于每一个 $z(\cdot) \in Z(X)$,令 $E\{y[z(x)] + c[z(x), x]\}$ 表示规划者果真选择处理规则 $z(\cdot)$ 所获得的平均福利。于是,规划者想要求解如下问题

$$\max_{z(\cdot) \in Z(X)} E\{y[z(x)] + c[z(x), x]\} \tag{7.6}$$

例如,在医生例子中,$y_j(t)$ 可以衡量患者 j 遵从接受处理 t 的健康状况水平,而 $c(t, x_j)$ 可以是处理的成本(负值)。医生也许知道另外可供选择处理的成本,但却不知道患者他们的健康结果。类似地,在法官例子中,$y_j(t)$ 可以衡量犯罪 j 接受判刑 t 的累犯率,而 $c(t, x_j)$ 则可以是执行判刑的成本。而且,法官也许知道另外可供选择判刑的成本,但却不知道他们的累犯结果。

规划者想要使总体平均福利最大化的这个假设有标准的解析形式,而且应用极具吸引力。这样的判别函数在关于社会规划者方面的公共经济学文献中是十分标准的,具体地说,假定目标是使实用社会福利函数最大化。利用期望算子的线性性质,可以得到很重要的解析简化式,尤其是借助于期望迭代定律的运用。正如下文所述,应用在于选取处理使平均福利最大化的规划者想要认

识平均处理响应,在处理响应的实证研究中所报告的主要统计量。

最优处理规则 最优化问题(7.6)的求解方案是指派总体中的每一个元素有一个能使以个体可观测协变量为条件的平均福利最大化的处理。为了证明这一点,令 $1[\cdot]$ 表示指示函数,当括号中的局部条件成立时,取值为1,否则取值为0。对于每一个 $z(\cdot) \in Z(X)$ 利用期望迭代定律可写成

$$E\{y[z(x)] + c[z(x),x]\} = E\{E\{y[z(x)] + c[z(x,x)]|x\}\}$$ (7.7)
$$= \sum_{x \in X} P(x=x)\{\sum_{t \in T}\{E[y(t)|x] + c(t,x)\} \cdot 1[z(x)=t]\}$$

对于每一个 $x \in X$,通过选择 $z(x)$,使 $E[y(t)|x] + c(t,x)$ 最大化,对于 $t \in T$,来使得数量 $\sum_{t \in T}\{E[y(t)|x=x] + c(t,x)\} \cdot 1[z(x)=t]$ 最大化。因此,对于每一个 $x \in X, z^*(x)$ 是问题

$$\max_{t \in T} E[y(t)|x=x] + c(t,x)$$ (7.8)

的解,则处理规则 $z^*(\cdot)$ 就是最优的。

知道条件均值结果 $E[y(\cdot)|x] \equiv \{E[y(t)|x=x], t \in T, x \in X\}$ 的规划者,可以执行最优处理规则。然而,选择问题和其他的识别问题限制了处理响应研究所提供的信息。7.3节与7.4节将要证明选择问题是如何影响到处理选择的。补充内容7A及7C考察了其他识别问题的含义。

7.3 选择问题与处理选择

设 Y 包含最小界 $y_0 \equiv \inf_{y \in Y}$ 与最大界 $y_1 \equiv \sup_{y \in Y}$。对于 $t \in T$ 与 $x \in X$,利用期望迭代定律可将 $E[y(t)|x=x]$ 写成

$E[y(t)|x=x] =$

$E(y|x=x,z=t) \cdot P(z=t|x=x) + E[y(t)|x,z \neq t] \cdot P(z \neq t|x=x)$ (7.9)

实证证据揭示了 $E(y|x=x,z=t)$ 与 $P(z|x=x)$,但是却没有提供 $E[y(t)|x=x,z \neq t]$ 的任何信息。当仅利用实证证据时,关于 $E[y(t)|x=x]$ 的识别域是如下闭区间

$$H\{E[y(t)|x=x]\} =$$
$$[E(y|x=x,z=t) \cdot P(z=t|x=x) + y_0 \cdot P(z\neq t|x=x), \qquad (7.10)$$
$$E(y|x=x,z=t) \cdot P(z=t|x=x) + y_1 \cdot P(z\neq t|x=x)]$$

这个结果是直接运用命题 1.1 所获得的。

关注的目标是条件均值结果 $E[y(\cdot)|x]$ 的集合。它的识别域 $H\{E[y(\cdot)|x]\}$ 是矩形

$$H\{E[y(\cdot)|x]\}$$
$$= \times_{(t,x)\in T\times X}[E(y|x=x,z=t) \cdot P(z=t|x=x) + y_0 \cdot P(z\neq t|x=x),$$
$$E(y|x=x,z=t) \cdot P(z=t|x=x) + y_1 \cdot P(z\neq t|x=x)] \quad (7.11)$$

这是识别域,原因在于实证证据没有提供反事实均值 $\{E[y(t)|x=x,z\neq t,(t,x)\in T\times X]\}$ 集合的任何信息。

当 Y 具有有界范围时,$H\{E[y(\cdot)|x]\}$ 是 $(Y^{|T|} \times X)$ 的有界的真子集。假如情况果真如此,那么在不失普遍性情况下,可将结果测量成在单位区间上取值。一旦令 $y_0 = 0$ 且 $y_1 = 1$,则得出 $H\{E[y(\cdot)|x]\}$ 的比较简单形式

$$H\{E[y(\cdot)|x]\} = \times_{(t,x)\in T\times X}[E(y|x=x,z=t) \cdot P(z=t|x=x),$$
$$E(y|x=x,z=t) \cdot P(z=t|x=x) + P(z\neq t|x=x)]$$

$$(7.12)$$

本章的余下内容分析假定 Y 有有界范围,同时其结果可被测量成单位区间上的值。因而 (7.12) 给出了仅仅利用实证证据时关于 $E[y(\cdot)|x]$ 的识别域。

被占优处理规则 一般地说,仅有实证证据并不足以给出关于 $E[y(\cdot)|x]$ 的信息,以使最优化问题 (7.8) 有解。那么,规划者应该做什么呢?

很明显,规划者不应选取被占优的处理规则。(处理规则 $z(\cdot)$ 称为被占优,意指存在另一个可行规则,比如说 $z'(\cdot)$,必须至少产生 $z(\cdot)$ 的平均福利,同时表现为在某种可能类型状态下严格地好于 $z(\cdot)$。)对于 $H\{E[y(\cdot)|x]\}$ 的矩形形式来说,很容易确定什么样的处理规则是被占优的。

设 $(t,x)\in T\times X$,考察对有协变量值 x 的个体指派处理的任何规则。由 (7.12) 知道,通过这个处理选取所得到的平均福利可以在下面区间上取任何值

$$[E(y|x=x,z=t) \cdot P(z=t|x=x) + c(t,x),$$

$$E(y|x=x,z=t) \cdot P(z=t|x=x) + P(z \neq t|x=x) + c(t,x)\big]$$

存在另一个处理选取,比如说 t',其平均福利可在下面区间上取任何值:

$$\big[E(y|x=x,z=t') \cdot P(z=t'|x=x) + c(t',x),$$

$$E(y|x=x,z=t') \cdot P(z=t'|x=x) + P(z \neq t'|x=x) + c(t',x)\big]$$

某个处理选取 t 明确劣于处理选取 t',意指前者区间的上界不大于后者区间的下界。从而,由此获得命题 7.1。

命题 7.1 设 $(t,x) \in T \times X$。仅仅利用实证证据,对有协变量的个体指派处理的处理规则是被占优的,当且仅当存在一个处理规则 $t' \in T$,使得

$$E(y|x=x,z=t) \cdot P(z=t|x=x) + P(z \neq t|x=x) + c(t,x)$$

$$\leqslant E(y|x=x,z=t') \cdot P(z=t'|x=x) + c(t',x) \tag{7.13}$$

$$\square$$

值得注意的是,所有处理规则都有相同的成本这样一种特殊情况。于是,一般地说,不存在被占优的处理规则,为了弄清楚这一点,对于所有处理规则 t 与 t',令 $c(t,x)=c(t',x)$。从而,不等式 (7.13) 可简化为

$$E(y|x=x,z=t) \cdot P(z=t|x=x) + P(z \neq t|x=x)$$

$$\leqslant E(y|x=x,z=t') \cdot P(z=t'|x=x)$$

通过观察可以发现,$P(z \neq t|x=x) \geqslant P(z=t'|x=x)$,$E(y|x=z,z=t) \in [0,1]$,同时 $E(y|x=x,z=t') \in [0,1]$。因此,这个不等式可能永远不会严格地成立。此外,只有当 $P(z \neq t|x=x)=P(z=t'|x=x)$,$E(y|x=z,z=t)=0$,并且 $E(y|x=x,z=t')=1$ 时,才会弱成立。

在非占优的处理规则中选取 实证证据不能确定最优的处理规则这一事实,的确不意味着规划者应该丧失作用力,不愿意并且不能够选取处理规则。它只是蕴含着,规划者不能断言他所选取的任何规则有最优性。

例如,规划者可能有理由应用极大极小规则,这个规则要求有协变量 x 的个体被指派如下的处理规则,也就是使 $E[y(\cdot)|x=x]$ 的下界最大化。由 (7.12) 知道,极大极小规则可求解下面问题

$$\max_{t \in T} E(y|x=x,z=t) \cdot P(z=t|x=x) + c(t,x) \tag{7.14}$$

这个规则可直接应用,而且容易领会。从极大极小观点来看,处理规则的有利条件会随着 $E(y|x=x,z=t)$,即接受这个处理的个体所经历的平均结果,以及

$P(z=t|x=x)$,即接受处理 t 的个体的百分比,而不断增大。第二个因素给出了极大极小规则的保守性形式,也就是在研究总体中越是流行的处理规则,处理总体中选取这样的处理规则就越是适宜方便的。

7.4　工具变量

7.3 节已经考察了面对选择问题时仅仅利用实证证据的规划者。可信分布假设可以使规划者对关于 $E[y(\cdot)|x]$ 的识别域加以收缩,从而进一步收缩未受控的处理规则的集合。许多分布假设均利用工具变量。

特定处理假设　选择问题是一个数据缺失的问题,因此第 2 章的全部分析可以应用到这里。因而,设个体 j 是由有限空间 V 中的可观测协变量 v_j 来刻画的。设 $P(y,z,x,v)$ 表示 (y,z,x,v) 的联合分布。协变量 v 当作一个工具变量,该工具变量不需要与用于执行处理选取的协变量 x 不同,但是如果 v 包含了不是由 x 所传递的信息时,则就可以对其分析加以简化。因此,这里的阐述要假定:$P(v=v,z=t|x)>0$,对于所有 $(v,t)\in V\times T$。

设 $t\in T$ 且 $x\in X$,为了帮助识别 $E[y(t)|x=x]$,规划者能够施加第 2 章所研究的任何分布假设。这一节将阐明 MAR,SI,MMAR 以及 MI 假设怎样用于分析处理选取。MM 与 MMM 假设将在第 9 章单独考虑。

在处理选取内容背景中,MAR,SI,MMAR 以及 MI 假设分别如下所述:

结果随机缺失(MAR 假设)

$$P[y(t)|x=x,v]=P[y(t)|x=x,v,z=t]=P[y(t)|x=x,v,z\neq t]$$
(7.15)

结果与工具变量的统计独立性(SI 假设)

$$P[y(t)|x=x,v]=P[y(t)|x=x]$$
(7.16)

平均值随机缺失(MMAR 假设)

$$E[y(t)|x=x,v]=E[y(t)|x=x,v,z=t]=E[y(t)|x=x,v,z\neq t]$$
(7.17)

结果与工具变量的平均值独立性(MI 假设)

$$\mathrm{E}[y(\mathrm{t})\,|\,x=\mathrm{x},v]=\mathrm{E}[y(\mathrm{t})\,|\,x=\mathrm{x}] \tag{7.18}$$

这些假设在对有特定协变量 x 的个体进行特定处理条件下,限制了结果的分布。规划者可以考虑(t,x)的每一个值,反过来可决定要声称什么样假设成立。

MAR 与 MMAR 假设可以点识别 $\mathrm{E}[y(\mathrm{t})\,|\,x=\mathrm{x}]$,其他的两个假设通常不会产生点识别,但却可收缩识别域。命题 7.2 至 7.5 给出了相关结论。这些命题是第 2 章中相对应命题的直接扩展推广,所以省略了证明。

命题 7.2 设 MAR 假设成立,则 $\mathrm{P}[y(\mathrm{t})\,|\,x=\mathrm{x}]$ 是点识别的,满足

$$\mathrm{P}[y(\mathrm{t})\,|\,x=\mathrm{x}]=\sum_{v\in V}\mathrm{P}(y\,|\,x=\mathrm{x},v=v,z=\mathrm{t})\mathrm{P}(v=v\,|\,x=\mathrm{x}) \tag{7.19}$$

□

命题 7.3 设 SI 假设成立,则关于 $\mathrm{P}[y(\mathrm{t})\,|\,x=\mathrm{x}]$ 的识别域是

$$\mathrm{H}_{\mathrm{SI}}\{\mathrm{P}[y(\mathrm{t})\,|\,x=\mathrm{x}]\}=\bigcap_{v\in V}\{\mathrm{P}(y\,|\,x=\mathrm{x},v=v,z=\mathrm{t})\mathrm{P}(z=\mathrm{t}\,|\,x=\mathrm{x},v=v)+$$
$$\gamma_v\cdot\mathrm{P}(z\neq\mathrm{t}\,|\,x=\mathrm{x},v=v),\gamma_v\in\Gamma_Y\} \tag{7.20}$$

□

命题 7.4 设 MMAR 假设成立,则 $\mathrm{E}[y(\mathrm{t})\,|\,x=\mathrm{x}]$ 是点识别的,满足

$$\mathrm{E}[y(\mathrm{t})\,|\,x=\mathrm{x}]=\sum_{v\in V}\mathrm{E}(y\,|\,x=\mathrm{x},v=v,z=\mathrm{t})\mathrm{P}(v=v\,|\,x=\mathrm{x}) \tag{7.21}$$

□

命题 7.5 设 MI 假设成立,则关于 $\mathrm{E}[y(\mathrm{t})\,|\,x=\mathrm{x}]$ 的识别域是下面闭区间

$$\mathrm{H}_{\mathrm{MI}}\{\mathrm{E}[y(\mathrm{t})\,|\,x=\mathrm{x}]\}=[\max_{v\in V}\mathrm{E}\{y\cdot\mathbf{1}[z=\mathrm{t}]\,|\,x=\mathrm{x},v=v\},$$
$$\min_{v\in V}\mathrm{E}\{y\cdot\mathbf{1}[z=\mathrm{t}]+\mathbf{1}[z\neq\mathrm{t}]\,|\,x=\mathrm{x},v=v\}] \tag{7.22}$$

□

响应函数与工具的统计独立性 上面所考虑的假设是特定处理的,相反人们可以有限制响应函数 $y(\cdot)$ 的联合分布的信息。特别重要的假设是:响应函数与工具的统计独立假设(SI – RF 假设)

$$\mathrm{P}[y(\cdot)\,|\,x=\mathrm{x},v]=\mathrm{P}[y(\cdot)\,|\,x=\mathrm{x}] \tag{7.23}$$

SI – RF 假设强于 SI 假设。当应用于全部处理时,后者假设声称:结果向量 $y(\cdot)$ 的每一个成分 $[y(\mathrm{t}),\mathrm{t}\in\mathrm{T}]$ 都与 v 是统计独立的。SI – RF 假设则声称:$[y(\mathrm{t}),\mathrm{t}\in\mathrm{T}]$ 与 v 是联合独立的。

当研究总体是随机化实验的对象时,SI – RF 假设的重要性是源自于它的

可信性。在随机化实验中,工具变量 v 对于被安排的每一个对象指派处理组,因而 $V = T$。随机化蕴含着 $y(\cdot)$ 与被指派处理 v 是统计独立的,所以 SI – RF 假设成立。

随机化实验的经典理论假定:所有对象遵守对它们的指派,也就是 $z = v$。在此特殊情况下,将命题 7.3 应用于每一个处理 t,可以证明 $P[y(t)|x=x]$ 是点识别的,满足

$$H_{SI}\{P[y(t)|x=x]\} = P(y|x=x, z=t) \qquad (7.24)$$

这个研究发现只是利用了假设 SI,它确定不需要假设 SI – RF 的全部力量。

当某些对象真的不遵守时,被指派处理的随机化通常一定不可点识别 $P[y(t)|x=x]$。在这种情况下,假设 SI – RF 的能力或许具有将假设 SI 应用于所有处理时的识别能力。然而,在假设 SI – RF 条件下,识别域的形式很大程度上是一个待研究的问题。[2]

补充 7A   识别与模糊不清

这一章所探讨的处理选取问题是在模糊不清条件下进行选择的例子。一般地说,拥有已知选择集合的决策者想要使未知目标函数最大化,这种情况被称为面对模糊不清条件下的选择问题。模糊不清的普遍来源是,描述相关总体的概率分布的部分知识,也就是决策者或许仅仅知道感兴趣的分布是某些分布集合的元素。这是从实证形式上探寻认识总体分布的决策者的一般情形,但是决策者的数据与其他信息并不能点识别该分布。因而,实证分析中的识别问题产生了模糊不清条件下的选择问题。

模糊不清(ambiguity)术语的运用源于埃尔斯伯格(Ellsborg, 1961),他针对要求从两个罐子中任意一个抽取球,一个罐子装有已知的颜色分布球,另一个罐子装有未知的颜色分布球的问题,经由实验而提出的。凯恩斯(1921)和奈特(Knight, 1921)都曾使用过不确定性(uncertainty)术语,但是由于不确定性时常用于描述最优化问题,其中目标函数依赖于已知的概率分布。

被占优处理规则   曼斯基(2000)已经证明了,每当识别问题阻止了规划

者知道足够多的均值处理响应方面的内容能够确定最优规则时候,7.2节中的社会规划者面临着在模糊不清条件下处理选择的问题。

若以抽象方式考察这件事,则假定规划者从如下可利用的研究中认识到许多东西,即$E[y(\cdot)|x]$位于某个识别域$H\{E[y(\cdot)|x]\}$中。这个信息可能不足以求解问题(7.8),但是却足以决定某些处理规则是被占优的。

一个可行处理规则$z(\cdot)$是被占优的,如果存在另一个可行规则$z'(\cdot)$,至少一定产生$z(\cdot)$的社会福利,且在某些自然可能状态下表现出严格地好于$z(\cdot)$。因而,$z(\cdot) \in Z(X)$是被占优的,如果存在一个$z'(\cdot) \in Z(X)$,使得

$$\sum_{x \in X} P(x = x) \left\{ \sum_{t \in T} [\eta(t,x) + c(t,x)] \cdot 1[z(x) = t] \right\}$$
$$\leqslant \sum_{x \in X} (x = x) \left\{ \sum_{t \in T} [\eta(t,x) + c(t,x)] \cdot 1[z'(x = t)] \right\}$$

对于所有$\eta \in H\{E[y(\cdot)|x]\}$以及

$$\sum_{x \in X} (x = x) \left\{ \sum_{t \in T} [\eta(t,x) + c(t,x)] \cdot 1[z(x) = t] \right\}$$
$$< \sum_{x \in X} (x = x) \left\{ \sum_{t \in T} [\eta(t,x) + c(t,x)] \cdot 1[z'(x) = t] \right\}$$

对于某个$\eta \in H\{E[y(\cdot)|x]\}$,其中$\eta(t,x)$表示$E[y(\cdot)|x]$的可行值。

在多个非占优规则中选择 在模糊不清条件下,选择的最大困难在于针对多个非占优行为不存在明显的最佳方法。存在两个普遍的方法,即建议应用极大极小规则或贝叶斯决策规则。

利用极大极小规则的规划者就是选取如下的处理规则:在所有可能的自然状态下,使最小均值福利最大化。这意味着是最优化问题的解

$$\max_{z(\cdot) \in Z^*(X)} \min_{\eta \in H\{E[y(\cdot)|x]\}} \sum_{x \in X} P(x = x) \left\{ \sum_{t \in T} [\eta(t,x) + c(t,x)] \cdot 1[z(x) = t] \right\}$$

其中$Z^*(X)$表示非占优处理规则的集合。

贝叶斯决策理论学家建议,决策制定者将面对的模糊不清置于自然状态的主观分布,然后针对这个分布来使期望福利最大化。在处理选择下,规划者会对$H\{E[y(\cdot)|x]\}$设置一个概率测度π,其中π表示决策制定者关于$E[y(\cdot)|x]$可能位于$H\{E[y(\cdot)|x]\}$中那里的个人信念。规划者会求解下面最优化问题:

$$\max_{z(\cdot) \in Z^*(X)} \int \sum_{x \in X} P(x = x) \left\{ \sum_{t \in T} [\eta(t,x) + c(t,x)] \cdot 1[z(x) = t] \right\} d\pi$$

极大极小规则和贝叶斯规则,对于在模糊不清条件下制定决策来说是有道理的,但是在缺少$E[y(\cdot)|x]$位于$H\{E[y(\cdot)|x]\}$位置的可信信息时没有最优的行为方式。沃尔德(Wald,1950)提出并研究极大极小规则,他没有断言此规则是最优的,而仅仅是合情合理的。考察下面情况:目标是对目标函数求最小化而不是求最大值,他写道(1950,第18页):"通常,极小极大解看起来是决策问题的合情合理求解方案。"

贝叶斯学者经常为了运用贝叶斯决策规则而阐述程序理性(procedural rationality)。萨维奇(Savage,1954)已经证明,决策制定者的选择与某个公理集合相一致时,这时可以被解释成利用了贝叶斯规则。许多决策理论学者考察了萨维奇公理,或者其他公理集合,这些成果已作为先验的知识十分引人注目。然而,在某种意义上,和这些公理相一致的行为并不肯定意味着被选择的行动会产生好的结果。伯杰(Berger,1985,121页)注意到这一点,写道:"贝叶斯分析在弱公理化意义上可能是'理性的',如果使用了不适宜的先验分布,就会导致从实际意义上讲很糟的结果。"

补充7B 判刑和案犯

很久以来,法官应该怎样对已定罪的青少年犯罪进行判刑的问题,是政策制定者和犯罪学专家所感兴趣的。曼斯基和内吉(Manski and Nagin,1998)分析了犹他州的13 197名青少年犯罪的判刑数据及他们的后来重犯,具体地说,这两个可行的判刑:一个是在家中监禁($t=1$),另一个是不涉及监禁的判刑($t=0$)。

如果犯罪者是两年期间随后判刑的累犯,则设结果取值$y=1$,否则$y=0$。处理的实证分布与可观测犯罪的结果,经发现得出如下:

监禁处理:$P(z=1)=0.11$

已知监禁处理的累犯:$P(y=1|z=1)=0.77$

已知非监禁处理的累犯:$P(y=1|z=1)=0.59$

问题是使用这个实证证据来推导响应概率$P[y(1)=1]$与$P[y(0)=1]$的结

论。

仅利用实证证据可以揭示出

$$P[y(1) = 1] \in [0.08, 0.97], P[y(0) = 1] \in [0.53, 0.64]$$

假如法官是随机地对犯罪者判刑,则

$$P[y(1) = 1] = 0.77, P[y(0) = 1] = 0.59$$

随机判刑确实不是可信的假设,所以我们考虑处理选择的两个可供选择模型。一个是结果最优化模型,它假定法官目标是使累犯的机会最小化。当将实证证据加上这个假设之后,可以证明有下面结论:

$$P[y(1) = 1] \in [0.61, 0.97], P[y(0) = 1] \in [0.61, 0.64]$$

简略模型假定法官将罪犯分类为"较高风险"或"较低风险",仅仅判决前者要监视居住。当将这个实证证据加上此假设之后,可以证明如下结论:

$$P[y(1) = 1] \in [0.08, 0.77], P[y(0) = 1] \in [0.59, 0.64]$$

因而,关于处理响应的结论严重地取决于所施加的假设。

补充7C　结果数据缺失与协变量

对处理响应进行研究,除了选择问题之外,可能会因为各种原因而出现数据缺失。执行随机化实验的研究者在实验开始时,就会遇到数据收集问题,从而导致某些对象出现协变量或处理数据缺失。因此,对象耗损会阻止观测到某些结果实现值。在观察研究中,也可能会发生类似的问题,因调查无响应而引发关于协变量、处理或结果的数据出现缺失。

7.3节和7.4节的分析是在当前处理规则下,假定实证证据揭示出(结果、处理、协变量)的分布 $P(y,z,x)$。当数据出现缺失时,实证证据仅仅是部分识别这个分布。所以,数据缺失恶化了规划者问题。

原则上,很容易看到选择问题与其他数据缺失问题相结合来确定 $E[y(\cdot)|x]$ 的识别域。考察仅利用实证证据的情形,类似于考虑应用什么时候施加分布假设。设 $H[P(y,z,x)]$ 表示 $P(y,z,x)$ 的识别域,当某些数据发生缺失时,正如第3章所证明的,这个识别域的特定形式取决于数据缺失的类

型。[3] 由(7.11)可知,每个可行分布 $\eta \in H[P(y,z,x)]$ 会生成 $E[y(\cdot)|x]$ 的识别域,这个情况仅认出选择问题,也就是,在假设 $P(y,z,x) = \eta$ 下计算得到的区域。将这一区域称为 $H_\eta\{E[y(\cdot)|x]\}$。$E[y(\cdot)|x]$ 的实际识别域必须认出选择问题及其他数据缺失问题,这样的区域是 $\bigcup_{\eta \in H[P(y,z,x)]} H_\eta\{E[y(\cdot)|x]\}$。

在实际应用中,当数据出现缺失时,确定 $E[y(\cdot)|x]$ 的识别域可能很容易,也可能很困难,这取决于所处情况的特性。我们在相对简单的经典随机化实验条件下来给出实证解释,其中如果(x,y,z)的所有实现值都是可观测的,那么均值处理响应则是点识别的。

针对高血压的选择处理 通常,内科医生面临对高血压病人选择治疗的问题。医学研究就是通过执行随机化实验来比较可供选择的治疗方案,从而探索提供治疗指南。这样的实验不可避免地出现数据缺失。我们这里阐述,内科医生在没有施加有关数据缺失的分布假设时,怎样利用源自最近实验来选择治疗方案。

梅特森等人(1993,Materson et al)、梅特森、里塔以及库什曼(Materson, Reda, and Cushman,1995)阐述了来自美国退伍军人事务部(DVA)的针对高血压所做实验的发现。在退伍军人事务部(DVA)医院中,有 15 名男性老兵病人被随机指派参与 6 种降压药治疗之一或者安慰剂:氢氯噻嗪(t=1),阿替洛尔(t=2),卡托普利(t=3),可乐亭(t=4),地尔硫卓(t=5),哌唑嗪(t=6),安慰剂(t=7)。治疗分为两个阶段,第一阶段能使舒张压(DBP)小于 90 毫米汞柱的剂量,就被确定下来,第二阶段,确定可否使 DBP 保持小于 95 毫米汞柱持续一段长时期。如果第一阶段有两次连续的测量时机,DBP 小于 90 毫米汞柱,且第二阶段 DBP≤95 毫米汞柱,那么这种治疗被定义为成功,否则,治疗被定义为未成功。因而,感兴趣的结果 y 是二值的,当成功的准则得到满足时,y=1,否则 y=0。梅特森等人(1993)建议,医生选定治疗方案时,考虑这个医疗结果变量、病人的生活质量以及治疗成本。

在随机化时,所测量的各个协变量之间有一个是生化指标"肾素反应"值,这个指标取值 x=(低,中,高)。这个协变量之前被认定为可能与成功治疗的概率有关的一个因素(弗雷、梅特森以及弗拉门鲍姆)(Freis, Materson and Fla- menbaum,1983)。对于某些病人来说,肾素反应数据会出现缺失。此外,在某些病人确定结果之前就退出实验。协变量缺失与结果数据的模式，如霍洛维茨和曼斯基（2000）的论文中表 1 所示，在这里重新给出来。

表 7C.1　在 DVA 高血压实验中的数据缺失

处理	随机化数字	可观测效果	没有缺失	仅有 y 缺失	仅有 x 缺失	Y 与 x 缺失
1	188	100	173	4	11	0
2	178	106	158	11	9	0
3	188	96	169	6	13	0
4	178	110	159	5	13	1
5	185	130	164	6	14	1
6	188	97	164	12	10	2
7	187	57	178	3	6	0

对于每一个值，霍罗威茨和曼斯基（2000）仅仅利用实证证据估计出 $\{P[y(t)=1|x=x], t=1,\cdots,7\}$ 的识别域。与其报告这些成功概率，不如报告平均治疗效果 $\{P[y(t)=1|x=x] - P[y(7)=1|x=x], t=1,\cdots,6\}$ 的隐含区域，即测量了每一种治疗相对于安慰剂的效力。这份报告结论是受到了针对平均治疗效果为零的假设的传统研究问题激发而促成的。我们确实没有以明显形式检查治疗选择方案的意义。

表 7C.2 报告出成功概率自身的识别域的估计。为了关注识别问题，假定估计值是实际的识别域，而不是有限样本的估计值。考察接受 DVA 成功准则的内科医生，观察肾素反应，同时没有均值处理响应或者数据缺失的任何信息分布。假如所有治疗方案都有一样的成本。这位内科医生选择人群中的治疗方案会怎样类似于 DVA 实验研究呢？

表 7C.2　以肾素响应为条件的成功概率的识别域

肾素响应	治疗方案						
	1	2	3	4	5	6	7
低	[0.54,0.61]	[0.52,0.62]	[0.43,0.53]	[0.58,0.66]	[0.66,0.76]	[0.54,0.65]	[0.29,0.32]
中	[0.47,0.62]	[0.60,0.74]	[0.53,0.68]	[0.50,0.69]	[0.68,0.85]	[0.41,0.65]	[0.27,0.32]
高	[0.28,0.50]	[0.64,0.86]	[0.56,0.75]	[0.63,0.84]	[0.55,0.78]	[0.34,0.59]	[0.28,0.40]

内科医生应该考虑消除受控治疗方案。对于肾素反应为低的病人，治疗方案 1,2,3,4,6 及 7 都被方案 5 所控制，方案 5 有最大下界 0.66。对于肾素反应

为中的病人,治疗方案1,3,6及7都被方案5所控制,方案5有最大下界0.68。对于肾素反应为高的病人,治疗方案1,6,7都被方案2所控制,在此情况下,方案2有最大下界0.64。因而,在没有施加任何分布假设条件下,内科医生对所有病人可以拒绝治疗方案1,6,7,对于肾素反应为中的病人,可以拒绝治疗方案3,而对于肾素反应为高的病人来说,可以确定治疗方案5是最优的。

在缺少关于数据缺失分布的假设条件下,不可能为内科医生提供针对肾素反应为中与高的病人的非占优治疗方案之间怎样选择的指南。利用极大极小准则的内科医生会对于肾素反应为中的病人选择治疗方案5,而对于肾素反应为高的病人则选择治疗方案2。这是一种合理的治疗准则,但是人们不能说它是最优的准则。

补充7D　研究总体与处理总体

处理响应分析中,长期以来存在的问题是设计研究总体与处理总体之间对应关系的重要性。在唐纳德·坎贝尔(Donald Campbell)有影响的研究工作中,这件事被低估了,他认为对处理响应的探索最初由其内部效度加以判断,然后则用其外部效度加以研讨(例如坎贝尔和斯坦利,1963,坎贝尔,1984)。坎贝尔的观点得到了罗森鲍姆(Rosenbaum, 1999)的赞同,罗森鲍姆建议:对人群受试者的观察研究目标是逼近实验室实验的各项条件(P263):

"在一个安排有素的实验室实验中,会发生最罕见的情形之一:由处理所导致的效果清晰可见。针对人群总体的处理效果的观察研究则缺少这种控制水平,但是目标是相同的。宽泛的理论置于一种优先的、重点突出的、受控环境中加以考察研究。"

像坎贝尔一样,罗森鲍姆低估了拥有研究总体类似于关注总体的重要性,他写道(P259):

"研究作为总体代表的样本,可能在描述那些总体时非常有用,但是或许不合适于对处理效果的推断。"

从处理选择的观点来看,如果处理效果对于不同的人来说均是同质的,坎贝尔和罗森鲍姆的立场根据十足。于是,研究者目标在于了解容易分析研究总体中有关的处理响应,而规划者可以确信的是,研究发现可以被外推至感兴趣的总体上。然而,在人群总体上,除了规则之外处理响应的同质性或许是例外。不管内容是医学的、教育的,还是社会学的,共同的发现是,人们会随着处理的响应而变化。就处理响应成为异质性的程度而言,规划者不能很容易地将从研究总体中所获得的发现外推至处理总体,这是因为在两个总体中的最优处理会不同。因此,研究总体与处理总体之间的对应关系承担着相当的重要性。

在随机化实验中,对部分顺从的研究产生了一般问题的特殊例子。假如研究总体是利用随机方式从处理总体中抽取的实验受试者所组成的,同时随机地指派给受试者应该接受的处理。当某些受试者没有遵从对其指派的处理时,因本斯和安格里斯特(1994),安格里斯特、因本斯以及鲁宾(1996)曾提出:针对"顺从者"的子总体来报告处理效果,顺从者是指不管指派内容是什么,都遵从对其指派的实验处理。如果处理响应是同质的,但却没有达到它是异质性的,那么规划者可以将关于顺从者的处理效果上的发现外推至处理总体。实际上,规划者甚至不能在这个特殊子总体上使用关于顺从者的发现来执行处理选择。其原因是,顺从者在个体形式上看是不可识别的。实验中的每一位受试者被置于一系列互相排斥的处理组之一;因此,不可能观察到给定人是否遵从所有可能的指派处理。

从异质总体中处理选择的观点看,我们发现没有理由给出相对于外部效度的内部效度,我们没有动机对顺从者的子总体感兴趣。公正地说,强调内部效度的研究者与那些聚焦于顺从者的研究者没有必须声称,他们研究的目标是要报告处理选择。例如,安格里斯特(1996)的论文就将他们目标看成是发现"因果效应",而不是处理选择问题。

注 释

来源和历史评论

本章对曼斯基(1990,2000,2002)所引入的思想加以解释和推广。关于社会项目评估方面存在大量的多种多样的研究文献,这些文献探寻如下两种结果的比较:当关注的总体元素果真接受另一种处理时的结果;与总体原来所经历的结果之间的对比。规划者必须选择处理规则的思想是,在绝大多数这类文献中是以含蓄方式存在的,但直到最近,极少有以明显方式考虑规划者的决策问题。斯塔福德(Stafford)(1985年,第112 – 114页)是支持此种思想的早期倡导者。

这一章是从福利经济学的视角考察问题,其中规划者目标是使实用主义的社会福利函数最大化。某些项目评估的研究则是采用了不同的视角,其中的目标是将设定的"基准"或"默认"处理规则 z_1 与另一种不同的规则 z_2 加以比较。研究对象是 $P[y(z_1) - y(z_2)]$,这个值测量了当基准处理规则 z_1 被所提议的规则 z_2 所代替之后,两种不同结果变化的分布。例如赫克曼、史密斯以及克莱门茨(Heckman, Smith and Clements, 1997)写道:"对许多有趣的评价问题进行解答需要项目收益分布的知识。"

正文注释

1. 尽管规划者不能系统地区分那些带有相同的可观测协变量人员,但他可以对这类人员随机地指派不同的处理。因而,可行处理规则集原则上不仅包括将协变量映射到处理函数,而且也包括这些函数的概率混合物。总的说来,以明显方式考虑随机化处理规则并不会改变当前的分析,但是却导致必要的符号复杂化。允许随机化规则的一种简单含蓄方式是,在 x 成分中包含其值是由规划者从某个分布中随机抽取的。于是,规划者可以使得所选取的处理随这个协变量成分而变化。

2. 迄今为止的分析局限于结果为二值的随机变量的特殊情况上。设 $Y = \{0,1\}$,罗宾斯(Robins, 1989)在这种情况下提出如下的问题:仅能获得关于 $\{P[y(0)], [y(1)]\}$ 的外部识别域。鲍克和帕尔(Balke and Pearl, 1997)已经证明,在 SI – RF 假设下识别域是某个线性规划问题的解集合。他们给出了一个数值例子加以说明,在此情况下,这个识别域有时(但不总是)小于利用假设 SI 所得到的识别域,当响应为二值时,使用 SI 假设等价于 MI 假设。

3. 第3章覆盖了如下情况,结果与(或)协变量数据都是缺失的,但并不是处理数据为缺失的那种情况。莫伦纳(Molinari, 2002)研究这个问题。

单调处理响应

8.1 形式约束

有时候,研究处理响应的实证研究者拥有关于响应函数 $y(\cdot)$ 形式的可信信息。尤其是,人们可能有理由认为,结果会单调地随处理密度而变化。设处理集合 T 按照密度来布置,单调处理响应(monotone treatment response)的假设声称,对于所有人员 j 与所有处理对(s,t),有

$$t \geq s \Rightarrow y_j(t) \geq y_j(s) \qquad (8.1)$$

这一章研究当假定响应函数为处理情况单调时(8.2 节)或者服从半单调的有关形式的约束时(8.3 节),或为凹的单调性时(8.4 节)的选择问题,针对研究总体方面的处理选择过程没有做什么假设,同时没有施加响应方面交叉人员约束。此处所报告的发现结果可能对执行处理选择的规划者十分有用,如同第 7 章说过的,但是当前分析并没有假定:目标是求解规划问题。目的是直接正确认识研究总体方面的处理响应的分布。

生产分析 规划者或研究者可能确信:响应是单调的、半单调的或凹单调的,只是谨防假定任何别的什么,处于如此背景下存在诸多应用背景,针对生产的经济分析则会提供良好的解释。

生产分析典型地假定,厂商或其他实体使用一些投入来生产某个数量产出;因而,投入是处理,而产出则是响应。厂商 j

有如下生产函数 $y_j(\cdot)$，此 $y_j(\cdot)$ 将投入映射到生产产出，所以 $y_j(t)$ 表示当 t 是投入向量时厂商 j 所生产的产出。生产方面的经济理论的最基本教义是：产出是随着投入水平而弱递增的。如果存在单一投入（比如说劳动力），这意味着处理响应是单调的。如果存在投入向量（比如说劳动力与资本），处理响应则是半单调的。

从正式形式上看，假定存在 K 个投入，令 $s \equiv (s_1, s_2, \cdots, s_K)$，$t \equiv (t_1, t_2, \cdots, t_K)$ 表示两个投入向量。生产理论断言：当投入向量 t 至少像投入向量 s 的每一个分量成分那样大，则 $y_j(t) > y_j(s)$，也就是，当 $t_K \geqslant s_K$ 时，对于所有 $k = 1, \cdots, K$，有 $y_j(t) \geqslant y_j(s)$。生产理论并没有断言：当投入向量 t 与 s 是无次序状态时，$y_j(t)$ 与 $y_j(s)$ 的次序关系，其中一个向量的分量成分会大于另一个向量的分量成分。因而，生产函数是半单调的。

例如，考察玉米的生产。投入包括土地与种子，产出是玉米的多少蒲式耳。生产理论断言，农场所生产的玉米数量表现为随其土地与种子投入而弱递增。生产理论确实没有断言，当一个投入分量增加而其他分量减少时对玉米生产的影响。

经济学家典型地假定生产函数是半单调的。他们通常假定，生产函数表现为收益边际递减，这意味着当其他分量保持固定不变时，生产函数关于每一个投入分量都是凹的。短期生产分析中，研究者要区分两种类型的投入：一个是可变投入，其值可以变化，另一个是固定投入，其值不可以改变。短期生产分析通过如下实验加以分析，即可变投入是变化的，而固定投入则在它们某些实现值上保持固定。因而，可以认为可变投入是处理，固定投入则是协变量，同时短期生产函数将可变投入映射到产出。假如存在单一可变投入，于是一种普遍做法是假定短期生产函数 $y_j(\cdot)$ 关于这个投入是凹的单调的。例如，在短期的玉米生产当中，种子通常被认为是可变投入，土地则被看成是固定投入。研究者会发现做如下假设似乎有道理：一旦土地固定在某个水平上，玉米的产出会随着种子的投入而增加，但呈现收益递减。

研究生产方面的经济学家常常发现，很难判断生产函数的形状超出凹的单调性的假设是否正确。实证研究者或许采用严谨的生产的参数模型，但他们很少做出比下列陈述更加信任的情况：这类模型足以满足"逼近"真实生产函数。

研究生产的经济学家也会发现很难判断具有识别力的其他假设,诸如 7.4 节曾经讨论的利用工具的假设。特别地,假定由厂商选择的投入向量是随机选择的,做出这样的假设通常几乎没有经济意义。

D 结果与 D 处理效应　对于识别结果数据分布的参数来说,这一章所研究的形状约束具有特别的能力,其中结果数据分布的参数遵守随机占优(dominance)。设 $D(\cdot)$ 表示这类参数,同时设 t 表示处理。下面所发展起来的命题给出了,当处理响应被假定成单调的、半单调的或凹的单调的时候,关于 D 结果 $D[y(t)]$ 的准确上界及准确下界。推论则将研究发现应用于特定 D 参数上,包括结果的递增函数的分位数与均值上。由定义可知,此处所获得的准确界限是在保持形状约束条件下感兴趣参数的识别域的端点。这个命题并没有声称识别域是连接其端点的整个区间。这对于期望来说如此,但对于其他 D 参数来说则不一定。

就其他两种 D 处理效应的类型而言,同样可以获得界限,也就是 $D[y(t)] - D[y(s)]$ 与 $D[y(t) - y(s)]$,其中 $t \in T, s \in T$ 是特定处理。当 $D(\cdot)$ 表示期望函数时,这两个处理效应是一致的,但对于其他情况来说则可能不一样。为了区分它们,从现在起,将 $D[y(t)] - D[y(s)]$ 称为 $\triangle D$ 处理效应,而将 $D[y(t) - y(s)]$ 称为 $D\triangle$ 处理效应。除了一种情况(命题 8.9)外,就所有情况而论,报告的界限都是准确的。

下面所发展起来的命题,可以立刻应用于形式为 $D[y(t) \mid x]$,$D[y(t) \mid x] - D[y(s) \mid x]$ 以及 $D[y(t) - y(s) \mid x]$ 的条件 D 结果与 D 处理效应上,其中 x 表示可观测的协变量。一种简单易行需要重新定义感兴趣总体的方式是那些享有某个特定值 x 的子总体。为了简化记号,下面具体分析时没有以显性形式表示出以 x 为条件。

这一章自始至终考察结果空间 Y 是扩展实直线的闭子集,鉴于第 7 章中绝大多数内容均假定处理的集合 T 是有限的,这个基数性假设此处没有继续保持。在 8.2 节,T 是任意基数性的有序集合。在 8.3 节,T 是任意基数性的半序集合。而在 8.4 节,处理集合有更多的结构,处理是实直线上的闭区间。

8.2 单调性

这一节假定响应关于处理是弱递增的,如同式(8.1)所述。当响应关于处理是递减的情况,一旦做出明显的改动,许多研究结果仍然可以应用。首先,分析的内容是发展有关 D 结果的准确界,然后是考察有关 D 处理效应的。

D 结果 命题8.1 阐述了在单调处理响应的假设条件下,D 结果的准确界。

命题8.1 设 T 是有序的,$y_j(\cdot)$,$j \in J$ 关于 D 是弱递增的,定义

$$y_{0j}(t) \equiv \begin{cases} y_j, & t \geq z_j \\ y_0, & \text{其他} \end{cases} \tag{8.2a}$$

$$y_{1j}(t) \equiv \begin{cases} y_j, & t \leq z_j \\ y_1, & \text{其他} \end{cases} \tag{8.2b}$$

则,对于每个 $t \in T$

$$D[y_0(t)] \leq D[y(t)] \leq D[y_1(t)] \tag{8.3}$$

这个界是准确的。

证明 $y_j(\cdot)$ 的单调蕴含着关于 $y_j(t)$ 的这个准确界有如下关系

$$t < z_j \Rightarrow y_0 \leq y_j(t) \leq y_j$$

$$t = z_j \Rightarrow y_j(t) = y_j$$

$$t > z_j \Rightarrow y_j \leq y_j(t) \leq y_1 \tag{8.4}$$

等价地

$$y_{0j}(t) \leq y_j(t) \leq y_{1j}(t) \tag{8.5}$$

当不存在交叉人约束时,则关于 $\{y_j(t), j \in J\}$ 的准确界为

$$y_{0j}(t) \leq y_j(t) \leq y_{1j}(t), j \in J \tag{8.6}$$

因此,随机变量 $y_0(t)$ 被 $y(t)$ 随机占优,这反过来被 $y_1(t)$ 随机占优。这就证明了(8.3)是关于 $D[y(t)]$ 的界。

由于(8.6)界是准确的,所以(8.3)界是准确的;也就是,实证证据与先验信息和假设 $\{y_j(t) = y_{0j}(t), j \in J\}$ 相一致,并且也和假设 $\{y_j(t) = y_{1j}(t), j \in J\}$

相一致。

证毕

命题 8.1 表明了，单调处理响应的假设在数量形式上降低了选择问题的严重性。一旦仅仅利用实证证据，只有 $z_j = t$ 时，观测结果实现 y_j 才是结果 $y_j(t)$ 的信息，从而 $y_j = y_j(t)$。当利用实证证据与单调响应假设时，对 y_j 的观测总是会产生关于 $y_j(t)$ 的下界及上界信息，如同式(8.4)所揭示的。

命题 8.1 尽管表述及证明都很简单，但因为太抽象而不能给出单调性假设的识别力的清楚意义。这种情况出现在推论 8.1.1、推论 8.1.2 及推论 8.1.3 中，那里将命题应用于上界尾部概率、递增函数的均值、分位数上。在每一种情况下，推论均是借助于计算感兴趣 D 参数的 $D[y_0(t)]$ 与 $D[y_1(t)]$ 而获得的。

推论 8.1.1 设 $f(\cdot): \mathbf{R} \to \mathbf{R}$ 表示弱递增的函数，则

$$f(y_0)P(t<z) + E[f(y)|t \geqslant z] \cdot P(t \geqslant z) \leqslant E\{f[y(t)]\}$$

$$\leqslant f(y_1)P(t>z) + E[f(y)|t \leqslant z] \cdot P(t \leqslant z) \tag{8.7}$$

□

推论 8.1.2 设 $\alpha \in (0,1)$，$Q_\alpha(u)$ 表示实的随机变量 u 的 α 分位数。令 $\lambda_0 \equiv [\alpha - P(t<z)]/P(t \geqslant z)$，$\lambda_1 \equiv \alpha/P(t \leqslant z)$，则有

$$0 < \alpha \leqslant P(t<z) \Rightarrow y_0 \leqslant Q_\alpha[y(t)] \leqslant Q_{\lambda 1}(y|t \leqslant z)$$

$$P(t<z) < \alpha \leqslant P(t \leqslant z) \Rightarrow Q_{\lambda 0}(y|t \geqslant z) \leqslant Q_\alpha[y(t)] \leqslant Q_{\lambda 1}(y|t \leqslant z)$$

$$P(t \leqslant z) < \alpha < 1 \Rightarrow Q_{\lambda 0}(y|t \geqslant z) \leqslant Q_\alpha[y(t)] \leqslant y_1 \tag{8.8}$$

□

将充分利用单调响应的假设的推论 8.1.1，与仅仅利用实证证据的关于 $E\{f[y(t)]\}$ 的界相比较，这会揭露出实质内容。仅仅利用实证证据的界是

$$f(y_0)P(t \neq z) + E[f(y)|t=z] \cdot P(t=z) \leqslant E\{f[y(t)]\}$$

$$\leqslant f(y_1)P(t \neq z) + E[f(y)|t=z] \cdot P(t=z) \tag{8.9}$$

然而，这个界仅从满足 $t=z$ 的 (y,z) 中提取关于 $E\{f[y(t)]\}$ 的信息，所有 (y,z) 数对在单调响应假设下是有信息的。推论 8.1.1 中的下界是从满足 $t \geqslant z$ 的人员提取信息，而上界则是满足 $t \leqslant z$ 的那些人员提取信息。

推论 8.1.1 可用于获得尾部概率的准确界。设 $r \in (y_0, y_1)$，指示函数 $1[y(t) \geqslant r]$ 是 $y(t)$ 的递增函数，并且 $E\{1[y(t) \geqslant r]\} = P[y(t) \geqslant r]$，所以不等

式(8.7)简化成

$$P(t \geq z \cap y \geq r) \leq P[y(t) \geq r] \leq P(t > z \cup y \geq r) \qquad (8.10)$$

这个界所提供的信息性取决于已实现处理和结果的分布 $P(y,z)$ 假如 $P(t \geq z \cup y \geq r) = 0$ 且 $P(t > z \cup y \geq r) = 1$,则(8.10)是平凡的界 $0 \leq P[y(t) \geq r] \leq 1$。可是,假如 $P(t \geq z \cap y \geq r) = P(t > z \cup y \geq r)$,则单调处理响应的假设可点识别 $P[y(t) \geq r]$。

推论8.1.2表明,单调响应通常会产生 $y(t)$ 的分位数的单侧界。当 $\alpha \leq P(t \leq z)$ 时,上界就是提供了信息。如果 $(t=z)=0$,则这些情况便穷尽了各种可能性。如果 $P(t=z) > 0$ 且 $P(t<z) < \alpha \leq P(t \leq z)$,则下界与下界均提供了信息。

D 处理效应 命题8.2与8.3阐述了 D 处理效应 $D[y(t)] - D[y(s)]$ 与 $D[y(t) - y(s)]$ 的准确界。

命题8.2 设 T 是有序的,$y_j(\cdot)$,$j \in J$ 关于 T 是弱递增的,则对于每一个 $t \in T$,$s \in T$,满足 $t > s$,

$$0 \leq D[y(t)] - D[y(s)] \leq D[y_1(t)] - D[y_0(s)] \qquad (8.11)$$

这个界是准确的。

$\square$

证明 响应的单调性蕴含着 $y(t)$ 随机占优 $y(s)$,所以 0 是 $D[y(t)] - D[y(s)]$ 的下界。命题8.1蕴含着 $D[y_1(t)] - D[y_0(s)]$ 是上界,我们需要证明这些界是准确的。

设 $j \in J$,$y_j(\cdot)$ 的单调性给出了关于 $\{y_j(t), y_j(s)\}$ 的这个准确界

$$s < t < z_j \Rightarrow y_0 \leq y_j(s) \leq y_j(t) \leq y_j$$
$$s < t = z_j \Rightarrow y_0 \leq y_j(s) \leq y_j(t) = y_j$$
$$s < z_j < t \Rightarrow y_0 \leq y_j(s) \leq y_j \leq y_j(t) \leq y_1$$
$$s = z_j < t \Rightarrow y_j = y_j(s) \leq y_j(t) \leq y_1$$
$$z_j < s < t \Rightarrow y_j \leq y_j(s) \leq y_j(t) \leq y_1 \qquad (8.12)$$

当不存在交叉人员约束时,则实证证据及先验信息和假设 $\{y_j(s) = y_j(t), j \in J\}$ 相一致,也和假设 $\{y_j(t) = y_{1j}(t), y_j(s) = y_{0j}(s), j \in J\}$ 相一致。因此,(8.11)是准确界。

证毕

命题 8.3 设 T 是有序的，$y_j(\cdot), j \in J$ 关于 T 是弱递增的。则对于每一个 $t \in T, s \in T$，满足 $t > s$

$$D(0) \leq D[y(t) - y(s)] \leq D[y_1(t) - y_0(s)] \tag{8.13}$$

这个界是准确的。 □

证明 对命题 8.2 的证明已经表明，关于 $\{y_j(t) - y_j(s), j \in J\}$ 的准确联合界是

$$0 \leq y_j(t) - y_j(s) \leq y_{1j}(t) - y_{0j}(s), j \in J \tag{8.14}$$

所以，在 0 处具有全部质量的退化分布被 $y(t) - y(s)$ 随机占优，进而被 $y_1(t) - y_0(s)$ 控制。因而，(8.13) 是关于 $D[y(t) - y(s)]$ 的界。由于 (8.14) 界是准确的，所以这个界是准确的。

证毕

通过观察发现，命题 8.2 与 8.3 的下界，也就是 0 与 $D(0)$，可由单调性响应假设来获得，而并不取决于实证证据，单调性响应假设和实证证据一起决定了上界。

命题 8.2 与 8.3 通常针对不同的处理会给出不同界，可是当 $D(\cdot)$ 为期望函数时，这些不同界就相同一致。由命题 8.2 及推论 8.1.1 可得到下面推论。

推论 8.2.1 与 8.3.1

$$0 \leq E[y(t)] - E[y(s)] = E[y(t) - y(s)]$$
$$\leq y_1 \cdot P(t > z) + E(y | t \leq z) - y_0 \cdot P(s < z) - E(y | s \geq z) \cdot P(s \geq z)$$

$$\tag{8.15}$$

这个界是准确的。 □

当结果为二值的时候，此结论有特别的简单形式。设 Y 表示两个元素集合 $\{0, 1\}$，则 $y_0 = 0, y_1 = 1$，从而 (8.15) 成为

$$0 \leq P[y(t) = 1] - P[y(s) = 1] = P[y(t) - y(s) = 1]$$
$$\leq P(y = 0, t > z) + P(y = 1, s < z) \tag{8.16}$$

8.3 半单调性

在这一节，处理是 K 维向量，T 是处理向量的半有序集合。记号 $s \varnothing t$ 表示序

对(s,t)不是有序的。半单调响应的分析将使用8.2节所发展起来的大多数结构,从而遵从言简意赅的表述。当 T 是半有序的时候,式(8.2)中的 $y_{0j}(t)$ 与 $y_{1j}(t)$ 的定义仍然有效,只是术语"否则"现在应包括 $t \phi z_j$ 的可能性。

D 结果 命题8.4提供了命题8.1的半单调响应形式的版本。通过观察发现,命题8.1的结论依然成立,证明过程只需稍微做点修改。

命题8.4 设 T 是半有序的,$y_j(\cdot)$,$j \in J$ 关于 T 中有序对是弱递增的,则对于每一个 $t \in T$

$$D[y_0(t)] \leqslant D[y(t)] \leqslant D[y_1(t)] \tag{8.17}$$

这个界是准确的。

$\square$

证明 设 $j \in J$,$y_j(\cdot)$ 的半单调性蕴含着关于 $y_j(t)$ 的准确界

$$t < z_j \Rightarrow y_0 \leqslant y_j(t) \leqslant y_j$$
$$t = z_j \Rightarrow y_j(t) = y_j$$
$$t > z_j \Rightarrow y_j \leqslant y_j(t) \leqslant y_1$$
$$t \phi z_j \Rightarrow y_0 \leqslant y_j(t) \leqslant y_j \tag{8.18}$$

因而(8.5)成立。此证明的余下部分和命题8.1的证明过程是一样的。

证毕

尽管命题8.1与8.4有相同表述的结论,但是弱于半单调响应的单调响应的假设是很自然的结果。假设处理集合 T 的序弱于半序,每当满足 $t > z_j$ 的序对 (t, z_j) 成为无序的时候,$y_{0j}(t)$ 都会从 y_j 下降到 y_0。每当满足 $t < z_j$ 的序对 (t, z_j) 成为无序的时候,y_{1j} 都会从 y_j 上升到 y_1。因此,$y_0(t)$ 的有序 T 形式则被它的半序 T 对应形式所随机占优。因而,弱于半单调响应的单调响应假设使 $D[y(t)]$ 的界变宽了。在 T 全部无序的极端情况下,命题8.4给出了可仅仅利用实证证据所获得的关于 $D[y(t)]$ 的界。

推论8.4.1与8.4.2给出了推论8.1.1与8.1.2的半单调响应形式。这些推论中的关于 $D[y_0(t)]$ 与 $D[y_1(t)]$ 的显性形式很清楚地揭示出弱于半调响应的单调响应假设怎样影响关于 D 结果的界。

推论8.4.1 设 $f(\cdot): \mathbf{R} \to \mathbf{R}$ 是弱递增的,则

$$f(y_0)P(t < z \bigcup t \phi z) + E[f(y) \mid t \geqslant z] \cdot P(t \geqslant z) \leqslant E\{f[y(t)]\}$$

$$\leq f(y_1)P(t>z\bigcup t\emptyset z) + E[f(y)|t\leq z] \cdot P(t\leq z) \qquad (8.19)$$

□

推论 8.4.2 设 $\alpha \in (0,1)$，令 $\lambda_0 \equiv [\alpha - P(t<z\bigcup t\emptyset z)]/P(t\geq z)$，并且 $\lambda_1 \equiv \alpha/P(t\leq z)$，则

$$0 < \alpha \leq P(t<z\bigcup t\emptyset z) \Rightarrow y_0 \leq Q_\alpha[y(t)]$$

$$P(t<z\bigcup t\emptyset z) < \alpha < 1 \Rightarrow Q_{\lambda0}(y|t\geq z) \leq Q_\alpha[y(t)]$$

$$0 < \alpha \leq P(t\leq z) \Rightarrow Q_\alpha[y(t)] \leq Q_{\lambda1}(y|t\leq z)$$

$$P(t\leq z) < \alpha < 1 \Rightarrow Q_\alpha[y(t)] \leq y_1 \qquad (8.20)$$

□

推论 8.4.1 可以用于获得尾部概率的准确界，此结果是

$$P(t\geq z\bigcap y\geq r) \leq P[y(t)\geq r] \leq P(t>z\bigcup t\emptyset z\bigcup y\geq r) \qquad (8.21)$$

D 处理效应 当 T 是半序的时候，如果 $t>s$，那么命题 8.2 与 8.3 的结果依然成立。如果 $t\emptyset s$，那么上界仍然成立，只是下界需要做些修改。命题 8.5 与 8.6 提供了对前面结果的这些扩展形式。

命题 8.5 设 T 是半序的，$t\in T, s\in T, y_j(\cdot), j\in J$ 关于 T 中有序对是弱递增的，则对于 $t>s$，关于 $D[y(t)] - D[y_0(s)]$ 的准确界是

$$0 \leq D[y(t)] - D[y(s)] \leq D[y_1(t)] - D[y_0(s)] \qquad (8.22)$$

对于 $t\emptyset s$，准确界

$$D[y_0(t)] - D[y_1(s)] \leq D[y(t)] - D[y(s)] \leq D[y_1(t)] - D[y_0(s)] \qquad (8.23)$$

□

证明 设 $t>s$，响应的半单调性意味着，$y(t)$ 随机占优 $y(s)$，所以 0 是 $D[y(t)] - D[y(s)]$ 的下界。命题 8.4 蕴含着，$D[y_1(t)] - D[y_0(s)]$ 是上界。为了证明这些界是准确的，考虑 $j\in J$。如果 s, t 以及 z_j 都是有序的，则 (8.12) 依然给出了关于 $y_j(t)$ 与 $y_j(s)$ 的准确联合界是

$$s<t\bigcap s<z_j \Rightarrow y_0 y_j(s) \leq y_j \bigcap y_j(s) \leq y_j(t) \leq y_1$$

$$s<t\bigcap z_j<t \Rightarrow y_0 \leq y_j(s) \leq y_j(t) \bigcap y_j \leq y_j(t) \leq y_1$$

$$s<t \Rightarrow y_0 \leq y_j(s) \leq y_j(t) \leq y_1 \qquad (8.24)$$

此证明的余下内容和命题 8.2 的证明过程一样。

设 s∅t,命题 8.4 蕴含着(8.23)是关于 $D[y(t)] - D[y(s)]$ 的界。对于每一个 $j \in J$,关于 $y_j(t)$ 与 $y_j(s)$ 的准确联合界是

$$y_{0j}(t) \le y_j(t) \le y_{1j}(t)$$
$$y_{0j}(s) \le y_j(s) \le y_{1j}(s) \tag{8.25}$$

当不存在交叉人员约束的,实证证据与先验信息就会和假设 $\{y_j(t) = y_{0j}(t)$ 及 $y_j(s) = y_{1j}(s)\}$ 相一致,也和假设 $\{y_j(t) = y_{1j}(t)$ 及 $y_j(s) = y_{0j}(s), j \in J\}$ 相一致。因此(8.23)是准确的。

证毕

命题 8.6 设 T 是半序的,设 $t \in T, s \in T$。令 $y_j(\cdot), j \in J$ 关于 T 中有序对是弱递增的。对于 $t > s$,关于 $D[y(t) - y(s)]$ 的准确界是

$$D(0) \le D[y(t) - y(s)] \le D[y_1(t) - y_0(s)] \tag{8.26}$$

对于 s∅t,准确界是

$$D[y_0(t) - y_1(s)] \le D[y(t) - y(s)] \le D[y_1(t) - y_0(s)] \tag{8.24}$$

□

证明 设 $t > s$。由(8.12)与(8.24)可知,$\{y_j(t) - y_j(s), j \in J\}$ 的准确界是

$$0 \le y_j(t) - y_j(s) \le y_{1j}(t) - y_{0j}(s), j \in J \tag{8.28}$$

此证明的其余部分与命题 8.3 的证明一样。

设 s∅t,由(8.25)可知,关于 $\{y_j(t) - y_j(s), j \in J\}$ 的准确联合界是

$$y_{0j}(t) - y_{1j}(s) \le y_j(t) - y_j(s) \le y_{1j}(t) - y_{0j}(s), j \in J \tag{8.29}$$

因此,(8.27)是 $D[y(t) - y(s)]$ 的准确界。

证毕

半单调响应的假设检验 尽管命题 8.4 至命题 8.6 均将半单调处理响应作为维持假设,但人们反而却希望将它看成要加以检验的假设。很容易发现,此假设孤立地考虑时并不是可辩驳的。对于 $j \in J$,唯有响应函数 $y_j(\cdot)$ 上的一个点才是可观测的,也就是 $y_j(z_j)$。因此,实证证据必须与假设 $y_j(\cdot)$ 关于 T 中有序对是弱递增的相一致。特别地,实证证据与假设:每一个响应函数都是平坦的,满足 $\{y_j(t) = y_j, t \in T, j \in T\}$ 相一致。

想要对半单调响应的假设进行检验的研究者,只有这个假设和其他的假定相结合时,才可以这样做。考虑 SI – RF 假设,此假设认为 z 与 $y(\cdot)$ 是统计独立的,也就是

$$P[y(\cdot)] = P[y(\cdot)|z] \qquad (8.30)$$

半单调响应的假设与 SI – RF 假设结合起来是可辩驳的。重要的结论是命题 8.7。

命题 8.7　设 T 是半序的,$t > s$。令 $y_j(\cdot)$,$j \in T$ 关于 T 中有序对是弱递增的。设 z 与 $y(\cdot)$ 是统计独立的,则 $P(y|z = t)$ 随机占优 $P(y|z = s)$。　　□

证明　半单调性蕴含着 $y(t)$ 随机占优 $y(s)$。SI – RF 假设蕴含着 $P[y(s)] = P(y|z = s)$,$P[y(t)] = P(y|z = t)$。

证毕

实现处理与结果的分布 $P(y, z)$ 的实证知识蕴含着对于 $P(z)$ 支集上的 s 与 t 来说,$P(y|z = s)$ 与 $P(y|z = t)$ 的知识,所以命题 8.7 产生了这样的检验:如果 $P(z)$ 的支集上存在 $s \in T$ 与 $t \in T$,使得 $t > s$,只是 $P(y|z = t)$ 并没有随机地控制 $P(y|z = s)$,那么就拒绝半单调处理响应与 SI – RF 假设的联合假定。

在有限样本实际应用中,可观测 (y, z) 对数的随机样本的研究者能够估计 $P(y|z = t)$ 与 $P(y|z = s)$,并形成此检验的渐近有效形式。

对于 $P(y|z = t)$ 没有随机占优 $P(y|z = s)$ 的实证发现来说,存在三种不同的解释方法。确信 SI – RF 假设的研究者会得出结论:响应不是半单调的。确信响应为半单调的研究者会得出结论:SI – RF 假设并不成立。其他研究者则仅会得出结论:联合假设的某些内容是错误的。

8.4　凹单调性

尽管 8.3 节使单调响应的假设弱于半单调,这一节将强化此假设。特别地 $y_j(\cdot)$,$j \in J$ 现在是凹单调的函数。另外,$T = [0, \tau]$,对于某些 $\tau \in (0, \infty]$,$Y = [0, \infty]$。T 与 Y 的这个设定的重要性在于,这些集合是含有有限下界的闭区间。设定 T 与 Y 的下界为零,同时 Y 的上界为∞只是考虑到分析中达到某

种简化方便而已。

具体分析会使用这样的事实:已知三个点$(v_m, w_m) \in [0, \infty]^2$，$m = 1, 2, 3$，满足$0 < v_1 < v_2 < v_3$，存在一个凹单调函数将$[0, \tau]$映射到$[0, \infty]$，即$[0, \tau] \to [0, \infty]$，同时经过三个点当且仅当

$$w_1 / v_1 \geq (w_2 - w_1) / (v_2 - v_1) \geq (w_3 - w_2) / (v_3 - v_2) \geq 0 \qquad (8.31)$$

这里w_1 / v_1表示连接原点到(v_1, w_1)的直线段的斜率，而$(w_m - w_{m-1}) / (v_m - v_{m-1})$是连接$(v_{m-1}, w_{m-1})$与$(v_m, w_m)$的直线段的斜率，$m = 2, 3$。特别地，经过原点与三个点的分段线性函数是凹单调的，当且仅当(8.31)成立。

D 结果 命题8.8阐述了在凹单调处理响应的假设下，关于D结果的准确界。

命题8.8 设$T = [0, \tau]$且$Y = [0, \infty]$，$y_j(\cdot)$，$j \in J$是凹的且关于T是弱递增的。定义

$$y_{c0j}(t) \equiv \begin{cases} y_j, & t \geq z_j \\ y_j t / z_j, & \text{其他} \end{cases} \qquad (8.32a)$$

$$y_{c1j}(t) \equiv \begin{cases} y_j, & t \leq z_j \\ y_j t / z_j, & \text{其他} \end{cases} \qquad (8.32b)$$

则对于每一个$t \in T$

$$D[y_{c0}(t)] \leq D[y(t)] \leq D[y_{c1}(t)] \qquad (8.33)$$

这个界是准确的。   □

证明 对于$j \in J$，$y_j(\cdot)$是经过(z_j, y_j)与$[t, y_j(t)]$的凹单调函数。利用(8.31)可得出，关于$y_j(t)$的准确界

$$t < z_j \Rightarrow y(t) / t \geq [y_j - y(t)] / (z_j - t) \geq 0$$
$$\Rightarrow y_j t / z_j \leq y_j(t) \leq y_j$$
$$t = z_j \Rightarrow y_j(t) = y_j \qquad (8.34)$$
$$t > z_j \Rightarrow y_j / z_j \geq [y_j(t) - y_j] / (t - z_j) \geq 0$$
$$\Rightarrow y_j \leq y_j(t) \leq y_j t / z_j$$

等价地有

$$y_{c0j}(t) \leq y_j(t) \leq y_{c1j}(t) \qquad (8.35)$$

此证明的余下部分与命题8.1的证明一样，只是用$y_{c0j}(t)$与$y_{c1j}(t)$代替$y_{0j}(t)$

与 $y_{1j}(t)$。

证毕

通过对界 $[y_{c0j}(t),y_{c1j}(t)]$ 与 $[y_{0j}(t),y_{1j}(t)]$ 进行比较,可以证明:强于凹单调响应的单调响应假设具有相当的识别力。单调性蕴含着,实现结果 y_j 的观测值对于 $y_j(t)$ 来说,要么产生有信息价值的下界,要么产生有信息价值的上界,如同式(8.4)所显示的。凹单调性蕴含着,y_j 的观测值对于 $y_j(t)$ 来说,既产生有信息价值的下界,又产生有信息价值的上界,如同(8.34)所显示的。$y_j(t)$ 当前界不仅比前面界更窄,而且其宽度从性质上看,随 t 以不同方式而变化。当前的界有宽度 $y_j \cdot |(z_j-t)/z_j|$,而前面的界宽度则为 $y_j \cdot 1[t<z_j] + \infty \cdot 1[t>z_j]$。因而,当前界随着 t 远离 z_j 而从 0 以线性方式变宽,而前面界的宽度则随 t 以不连续地形式变化。

推论 8.8.1 与 8.8.2 给出了推论 8.1.1 与 8.1.2 的凹单调形式。将这些推论和前面的推论加以比较,可以清楚揭示出假定响应为凹的所额外得到的识别力。如果 $f(y_0) = -\infty$ 且 $f(y_1) = \infty$,则前面的关于 $E\{f[y(t)]\}$ 的界是没有任何信息的,但是当前的界基本上总是含有信息的。前面的 $y(t)$ 的分位数界一般地讲仅源自于一侧的才有信息,或者源自另一侧的才有信息,然而当前界则是从上限和下限两个方面都含有信息。

推论 8.8.1 设 $f(\cdot):\mathbf{R}\to\mathbf{R}$ 是弱递增的,则

$$E[f(yt/z)|t<z] \cdot P(t<z) + E[f(y)|t\geq z] \cdot P(t\geq z) \leq E\{f[y(t)]\}$$
$$\leq E[f(yt/z)|t>z] \cdot P(t>z) + E[f(y)|t\leq z] \cdot P(t\leq z) \qquad (8.36)$$

□

推论 8.8.2 设 $\alpha \in (0,1)$,则

$$Q_\alpha\{y \cdot 1[t\geq z] + yt/z \cdot 1[t<z]\} \leq Q_\alpha[y(t)]$$
$$\leq Q_\alpha\{y \cdot 1[t\leq z] + yt/z \cdot 1[t>z]\} \qquad (8.37)$$

□

推论 8.8.1 蕴含着尾部概率的准确界。此结果是

$$P[(t\geq z \cap y\geq r) \cup (t<z \cap yt/z\geq r)] \leq P[y(t)\geq r]$$
$$\leq P[(t>z \cap yt/z\geq r) \cup (t\leq z \cap y\geq r)] \qquad (8.38)$$

D 处理效应 关于 D 处理效应的界来自于对 $\{y_j(t),y_j(s)\}$ 所获得的准确

界。在8.2节和8.3节,当响应是单调的或半单调的时候,我们发现这些联合界有简单形式。假定凹单调性的响应的联合界则显得更加复杂。将(8.31)应用于$\{y_j(t),y_j(s)\}$而得到如下这些界

$$s<t<z_j\Rightarrow y_j(s)/s\geq[y_j(t)-y_j(s)]/(t-s)\geq[y_j-y_j(t)]/(z_j-t)\geq 0$$

$$s<t=z_j\Rightarrow y_j(s)/s\geq[y_j(t)-y_j(s)]/(t-s)=[y_j-y_j(s)]/(z_j-s)\geq 0$$

$$s<z_j<t\Rightarrow y_j(s)/s\geq[y_j-y_j(s)]/(z_j-s)\geq[y_j(t)-y_j]/(t-z_j)\geq 0$$

$$s=z_j<t\Rightarrow y_j(s)/s=y_j/z_j\geq[y_j(t)-y_j]/(t-z_j)\geq 0$$

$$z_j<s<t\Rightarrow y_j/z_j\geq[y_j(s)-y_j]/(s-z_j)\geq[y_j(t)-y_j(s)]/(t-s)\geq 0$$

$$(8.39)$$

命题8.10 运用(8.39)推导出$D[y(t)-y(s)]$的准确界。命题8.9 提供了$D[y(t)]-D[y(s)]$的准确下界,但却仅有非准确的上界。

命题8.9 设$T=[0,\tau],Y=[0,\infty],y_j(\cdot),j\in T$关于$T$是凹的且弱递增的,则对于每一个$t\in T,s\in T$,满足$t>s$

$$0\leq D[y(t)]-D[y(s)]\leq D[y_{c1}(t)]-D[y_{c0}(s)] \qquad (8.40)$$

下界是准确的,但上界是非准确的。 □

证明 响应的单调性蕴含着$y(t)$随机占优$y(s)$,所以0是$D[y(t)]-D[y(s)]$的下界。这个下界是准确的,因为假设$\{y_j(t)=y_j(s)=y_j,j\in J\}$满足(8.39)。

命题8.8 蕴含着$D[y_{c1}(T)]-D[y_{c0}(s)]$是$D[y(t)]-D[y(s)]$的上界。此上界不是准确的,因为假设$\{y_j(t)=y_{c1j}(t),y_j(s)=y_{c0j}(s),j\in J\}$并不满足(8.39)。当$s<t<z_j$时,令$\{y_j(t)=y_j,y_j(s)=y_j/z_j\}$违背(8.39)。类似地,当$z_j<s<t$时,令$\{y_j(t)=y_jt/z_j,y_j(s)=y_j\}$违背(8.39)。

证毕

命题8.10 设$T=[0,\tau],y_j(\cdot),j\in J$关于$T$是凹的且弱递增的。设$Y=[0,\infty]$。对于每一个$t\in T,s\in T$,满足$t>s$,定义

$$y_{ctj}(s)\equiv\begin{cases} y_js/t,t<z_j \\ y_js/z_j,\text{其他} \end{cases} \qquad (8.41)$$

则

$$D(0)\leq D[y(t)-y(s)]\leq D[y_{c1}(t)-y_{ct}(s)] \qquad (8.42)$$

这个界是准确的。　　　　　　　　　　　　　　　　　　　　　　　□

证明　由于响应是单调的,所以下界成立。而且,此下界是准确的,这是因为假设 $\{y_j(t) - y_j(s) = 0, j \in J\}$ 满足(8.39)。

为了获得准确上界,我们需要确定满足(8.39)的 $y_j(t) - y_j(s)$ 的最大值,这可通过两步来完成。第一步,使 $y_j(t)$ 保持固定不变,然后求 $y_j(s)$ 满足(8.39)约束下的极小值,这样就得到了作为 $y_j(t)$ 的函数的 $y_j(t) - y_j(s)$ 的最大值。随后,求这个表达式在 $y_j(t) \in [y_{c0j}(t), y_{c1j}(t)]$ 上的最大值。

当 $t < z_j$,令 $\{y_j(t) = y_j, y_j(s) = y_j s/t\}$ 会得到 $y_j(t) - y_j(s)$ 的极大值,当 $t \geqslant z_j$,令 $\{y_j(t) - y_j t/z_j, y_j(s) = y_j s/z_j\}$ 会得到 $y_j(t) - y_j(s)$ 的极大值。由此可得,$\{y_j(t) - y_j(s), j \in J\}$ 上的准确界是

$$0 \leqslant y_j(t) - y_j(s) \leqslant y_{c1j}(t) - y_{ctj}(s), j \in J \tag{8.43}$$

因此,$D[y_{c1}(t) - y_{ct}(s)]$ 是 $D[y(t) - y(s)]$ 的准确上界。

　　　　　　　　　　　　　　　　　　　　　　　　　　　　证毕

可应用命题 8.10 来获得平均处理效应的准确界。将 $y_{c1}(t) - y_{ct}(s)$ 以显性形式写成

$$y_{c1}(t) - y_{ct}(s) = 1[t < z] \cdot (t-s) \cdot y/t + 1[t \geqslant z] \cdot (t-s) \cdot y/z \tag{8.44}$$

从而得出下述推论。

推论 8.10.1

$$0 \leqslant E[y(t)] - E[y(s)] = E[y(t) - y(s)]$$

$$\leqslant (t-s) \cdot [E(y/t | t < z) \cdot P(t < z) + E(y/z | t \geqslant z) \cdot P(t \geqslant z)] \tag{8.45}$$

这个界是准确的。　　　　　　　　　　　　　　　　　　　　　□

补充 8A　向下倾斜的需求

8.1 节使用了生产分析来阐明本章所研究的准确约束,另一种经济解释则是采用需求函数向下倾斜的假设。

对市场需求进行经济分析,通常假定存在一个已知产品的孤立市场集合。每一个市场都由需求函数来刻画其特征,此需求函数给出了当产品价格被设置

于任何特定水平时,作为价格接受的消费者愿意购买的产品数量。就每一个市场而言,消费者和厂商的交互作用共同决定了该价格,在该价格上双方交易实际上才会发生。

对于这一章所述的专门用语来说,市场是个人,价格则是处理,而需求量是结果。因而,T 是逻辑上可能价格的集合。在每一个市场 j,交易在某个实现价格 $z_j \in T$ 上发生。市场需求函数是 $y_j(\cdot)$,同时 $y_j \equiv y_j(z_j)$ 是市场 j 实际交易发生的数量。实证证据就是 N 个市场的随机样本所实现的数量、价格以及协变量 (y_i, z_i, x_i),$i = 1, \cdots, N$。

推断问题是将这个实证证据和先验信息相结合,来认识各个不同市场上需求函数的分布 $P[y(\cdot)]$。

需求理论中一个相对稳固的结论是:市场需求通常是价格的向下倾斜函数,这并不见得是一个普适性预测。阐述消费者理论的导论教材分清了价格的替代效应和收入效应。当收入效应充分强时,消费者最优化行为蕴含着吉芬商品(Giffen goods)存在,在某个范围内,需求会随着价格上涨变动而增大。持有不完美信息的现代市场理论强调,价格可以传递信息。如果价格的信息内容充分地强,需求函数并不总是斜率向右下角倾斜的。尽管有这些例外,但经济学家的普通假设是,需求函数为向右下角倾斜的曲线。

经济理论确实没有产生关于需求函数形状的其他结论,需求理论也不会蕴含着决定价格的任何结论。涉及决定价格的结论只有从下面的假设中推导出来,即只有将需求的结构假设和所讨论的生产产品的厂商引为方面的假设结合起来。因而,需求分析提供如下推断问题的良好例子,推断中分析者可以合情合理地主张:响应函数是单调的,只是应该留意施加的其他假设。

奇怪的是,将需求和供给作为线性联立方程的经典经济计量分析,并不假定市场需求是向右下角倾斜的。相反,经典经济计量分析却对需求函数的结构施加了另一种假设。在 20 世纪 20 年代开始,一直到 Hood 和 Koopmans(1953)成熟时,以及后面的一系列经济计量教材中所探讨的内容,经典分析都假定需求是价格的线性函数,在每一个市场中具有相同斜率参数,因而

$$y_j(t) = \beta t + u_j \tag{8A.1}$$

其中 β 表示共同的斜率参数,u_j 表示特定市场的截距,而对 β 的符号或数量大

小则没有做任何假定。

经济理论并没有建议:需求应该关于价格是线性,而应用研究者却极少有动机做出这个假设。(8A.1)的主要吸引力是,这可以将需求函数 $P[y(\cdot)]$ 分布的推断问题分解为对数量参数 β 的推断问题。经典分析中一个重要发现是,如果(8A.1)可结合均值独立假设[2],则 $P[y(\cdot)]$ 是点识别的

$$E(u|v = v_0) = E(u|v = v_1) \qquad (8A.2a)$$

$$E(z|v = v_0) \neq E(z|v = v_1) \qquad (8A.2b)$$

其中 v 是取值为 v_0 与 v_1 的工具变量。这里的简单证明,取自于曼斯基(1995,第 152 页)。

假设(8A.1)蕴含着,在每一个市场 j 中 $u_j = y_j - \beta z_j$。这和(8A.2)一起蕴含着

$$E(y - \beta z|v = v_0) = E(y - \beta z|v = v_1) \qquad (8A.3)$$

求出(8A.3)中的 β,倘若(8A.2b)成立,则可以得到

$$\beta = \frac{E(y|v = v_0) - E(y|v = v_1)}{E(z|v = v_0) - E(z|v = v_1)} \qquad (8A.4)$$

$P(y,z,v)$ 的实证知识可识别(8A.4)右边的条件期望 $E(y|v)$ 与 $E(z|v)$,所以 β 是点识别的。β 与 $P(y,z)$ 的知识蕴含着 $P(u)$ 的知识,从而蕴含着 $P[y(\cdot)]$。

补充 8B　计量经济响应模型

这一章仅仅假定响应函数 $y_j(\cdot)$,$j \in J$ 享有单调性、半单调性或凹单调性的相同性质,如同案例那样。另一方面,总体的元素可以有任意不同的响应函数。记号 $y_j(\cdot)$ 给出了简明扼要又方便的表述响应函数可能跨越不同总体而变化的思想。

考虑到协变量的变化,计量经济分析刻画处理响应方面的变化具有悠久的历史传统。这个补充内容解释从那种观点来看的单调响应的假设;类似地,可以解释半单调性与凹单调性。

设每一个人 j 有协变量向量 $u_j \in U$,这些协变量可能包括了可观测协变量 x,但此处不需要区分可观测协变量和不可观测协变量。标准的计量经济响应模型将 $y_j(\cdot)$ 表示成

$$y_j(t) = y^*(t, u_j) \qquad (8B.1)$$

函数 $y^*(\cdot,\cdot)$ 将 $T \times U$ 映射到 Y, $y^*(\cdot,\cdot)$ 对于所有 $j \in J$ 都是相同的。

就(8B.1)而言,如果人员 j 接受处理 t,而保持 j 的协变量固定在实现值 u_j,那么 $y_i(t)$ 便是人员 j 所经历的结果。$y_j(\cdot)$ 的单调性等价于 $y^*(\cdot,u_j)$ 的单调性,满足 $t \geqslant s \Rightarrow y^*(t,u_j) \geqslant y^*(s,u_j)$。当总体的全部成员都接受处理 t,而保持全部成员的协变量固定在他们的实现值 u_j, $j \in J$ 时,随机变量 $y(t)$ 表示全部成员所经历的结果。如果全部成员的协变量被固定在其实观值,则处理效应 $D[y(t)] - D[y(s)]$ 与 $D[y(t) - y(s)]$ 便是对在处理 s 与 t 下所经历的结果进行比较。

如果我们通过假定处理上的变化导致了协变量上的变化而推广响应模型,那么对 $y_j(t)$ 给出另一种解释就变得可行。设协变量响应模型 $u_j(\cdot):T \to U$,将处理映射到协变量,令 $u_j \equiv u_j(z_j)$,并且用

$$y_j(t) = y^*[t, u_j(t)] \tag{8B.2}$$

代替(8B.1)。在这个公式中,当人员 j 接受处理 t 且其协变量若取值 $u_j(t)$ 时,$y_j(t)$ 表示了人员 j 所经历的结果,$y_i(\cdot)$ 的单调性等价于将 $y^*[\cdot, u_j(\cdot)]$ 考虑成 t 的函数的单调性。在处理 s 与 t 的条件下,一旦考虑到所诱导的协变量上变化,处理效应 $D[y(t)] - D[y(s)]$ 与 $D[y(t) - y(s)]$ 就是对所经历结果的比较。

$y_j(t)$ 的这两种解释并不矛盾。命题 8.1 至命题 8.3 可应用于,如果 $y^*(\cdot, u_j)$ 关于 T 是单调的,将带有协变量的思想实验固定在实观值上保持不变的情况上。一些命题可用于,如果 $y^*[\cdot, u_j(\cdot)]$ 关于 T 是单调的,带有所诱导的协变量上变化的思想实验。还有一些命题可用于,如果 y^* 在两种意义上都为单调的,两种思想实验上。在这最后情况下,人们不应该得出 $y^*(t, u_j) = y^*[t, u_j(t)]$ 的结论,可是人们可以得到 $y^*(t, u_j)$ 与 $y^*[t, u_j(t)]$ 两者均位于共同的准确界 $[y_{0j}(t), y_{1j}(t)]$。

注 释

来源和历史评述

本章分析源自于曼斯基(1997a),即"单调处理响应",Econometrica, 65, 1311 – 1334。

正文注释

1. 如果 T 和 Y 没有有限下界,响应为凹单调的假设所具有的识别力没有超过响应为单调的假设所具有的识别力,甚至响应为线性单调的假设没有额外的识别力。为了理解这一点,设 Y = R,并且假定

$$y_j(t) = \beta_j t + u_j$$

其中,$\beta_j \geq 0$ 表示特定人员的斜率参数,而 u_j 表示特定人员的截距。(y_j, z_j) 的观测值揭示了 $u_j = y_j - \beta_j z_j$,所以

$$y_j(t) = \beta_j(t - z_j) + y_j$$

对于 $s \in T$ 且 $t \in T$,满足 $t > s$,关于 $\{y_j(t), y_j(s)\}$ 的准确界是

$$s < t < z_j \Rightarrow -\infty \leq y_j(s) \leq y_j(t) \leq y_j$$

$$s < t = z_j \Rightarrow -\infty \leq y_j(s) \leq y_j(t) = y_j$$

$$s < z_j < t \Rightarrow -\infty \leq y_j(s) \leq y_j \leq y_j(t) \leq \infty$$

$$s = z_j < t \Rightarrow y_j = y_j(s) \leq y_j(t) \leq \infty$$

$$z_j < s < t \Rightarrow y_j \leq y_j(s) \leq y_j(t) \leq \infty$$

当仅仅假定响应为单调的时候,这等同于所获得的(8.12)界。因此,增加线性假设使命题 8.1 至 8.3 的结论未改变。

2. 早期利用工具变量的计量经济文献,在仅假定 u 与 v 具有零协方差时,点识别了市场需求的线性模型(比如 Wright,1928;Reiersol,1945)。然而,现代文献一般地至少保留假设(8A.2)成立。曼斯基(1988,第 25 - 26 页以及 6.1 节)讨论了这方面的历史,并且解释了这些假设的运用。

单调工具变量

9.1 等式与不等式

为了研究选择问题,探究处理响应的研究者很早就运用了主张结果和工具变量之间有独立性形式的分布假设。7.4 节已经阐述各种这类假设的识别力。补充 8A 说明,通过将均值独立性(MI 假设)与所有响应函数均关于处理为线性的且具有相同斜率参数的假设相结合,就可以达到点识别。

尽管独立性假设应用广泛,但是在非实验背景设置下其可信性时常引起相当大的分歧,许多实证研究者经常争论某个协变量是或者不是"有效工具"。所以,存在良好的理由来考虑较弱假设,这些弱假设或许更为可信。当工具变量值的集合 V 是有序的时候,一种简单方式是为使独立性假设变得弱一些,要用一些弱不等式代替一些等式。

本章探讨当定义 MI 假设的等式用一些弱不等式代替时均值的识别问题。设 $t \in T$, MI 假设声称

$$E[y(t)|v] = E[y(t)] \qquad (9.1)$$

当(9.1)中的等式用弱不等式代替,则会得到均值单调性假设(MM):

MM 假设 设 V 是有序集合,$(v_1, v_2) \in V \times V$,则

$$v_2 \geq v_1 \Rightarrow E[y(t)|v = v_2] \geq E[y(t)|v = v_1] \qquad (9.2)$$

MM 假设是第 2 章在带有结果数据缺失的预测背景下所引入的。不等式(9.2)可应用于处理响应分析的假设上。

当工具变量取为所研究总体的实现处理时,也就是,当 $v=z$ 时,就会发生特别有趣的情况。从而,MI 假设变成均值随机缺失的假设(MMAR)

$$E[y(t)|z] = E[y(t)] \qquad (9.3)$$

MM 假设变成单调处理选择(monotone treatment selecfion)假设(MTS):

MTS 假设　设 T 是有序集合,令 $(t_1, t_2) \in T \times T$,则

$$t_2 \geqslant t_1 \Rightarrow E[y(t)|z=t_2] \geqslant E[y(t)|z=t_1] \qquad (9.4)$$

MTS 假设是第 2 章在带有结果数据缺失的预测背景下所引入的,用均值单调缺失(Means Missing Monotonically, MMM)来命名的。MTS 名称在当前所述背景下更具有描述性。

受教育回报　MM 假设比 MI 假设更可信,因而具有实用价值。受教育回报的经济分析揭示了可信性方面取得的潜在受益。

研究受教育回报的劳动力经济学家通常假定,每一个人 j 都有人力资本生产函数 $y_j(t)$,一旦给定 j 所接受的工资,此函数就要求他必须受教育程度为 t 年。通过观察已兑现的工资和受教育年限,劳动力经济学家便会探索认识这些生产函数的总体分布。

实证研究经常施加 MMAR 假设。可是,这个假设只在经济学家范围内拥有轻微的可信性。或许主要原因在于受教育程度的选择与工资确定的各种各样模型预测,和有较高能力的人相比,有较高能力的人倾向于其有较高的工资函数,趋于选择更多的受教育年限。很明显,MMAR 假设违背了这种预测。

MTS 假设与经济学上考察受教育程度的选择及工资确定的思想相一致。该假设声称,选择更多受教育年限的人会有略高于那些选择受教育年限较少的人的平均工资。因而,当研究受教育程度的回报时,MTS 假设比 MMAR 假设更加有可信性。

单调处理选择和单调处理响应　MTS 假设与第 8 章所讨论的单调处理响应(MTR)的假设截然不同。MTR 假设表明

$$t \geqslant s \Rightarrow y_j(t) \geqslant y_j(s) \qquad (9.5)$$

对于所有人 j 与所有处理对 (s,t),(9.4)与(9.5)中的不等式表示了响应函数

的不同性质。原则上,这两个假设都可以成立,或者一个成立,或者两者均不成立。

为了解释 MTS 假设和 MTR 假设究竟是怎样不同的,考察工资随受教育年限而变化的情况。劳动力经济学会经常说,"工资随受教育年限增加而增高"。MTS 假设和 MTR 假设对这种陈述会以不同方式加以说明。MTS 假设的解释是,和那些选择较少受教育年限的人相比,选择受教育较多年限的人会有略高于他们的平均工资函数。MTR 假设的解释是,每个人的工资函数均为关于推测受教育年限弱递增的。如上所讨论的,MTS 假设和如下的受教育年限与工资确定的经济模型相一致:此经济模型预测,和有较低能力的人相比,有较高能力的人会倾向于具有较高工资函数,同时倾向于选择更多受教育年限。而 MTR 假设则表达了标准的经济观点:教育是一种生产过程,其中受教育年限为投入,工资为产出。因此,工资会随着推测的受教育年限而增高。

或许这一章中最有意思的研究发现是,当 MTS 与 MTR 两个假设合起来时,就会有相当的识别力。这将在 9.3 节给出证明,作为开头,9.2 节研究单个 MM 假设的识别力,而不是与其他假设结合的情况。

这一章的研究结果可以立刻应用于由可观测协变量 x 的值所标记的子总体。为了简化记号,下面分析的内容并没有以明显方式表示以 x 为条件的形式。

9.2　均值单调性

命题 9.1 给出了在 MM 假设条件下,$E[y(t)]$ 的识别域。由于此命题是命题 2.6 的直接推广,所以省略其证明。

命题 9.1　(a)设 V 是一个有序集合,设 MM 假设成立,则 $E[y(t)]$ 的识别域是下面闭区间

$$H_{MM}\{E[y(t)]\} =$$

$$\left[\sum_{v \in V} P(v = v)(\max_{v' \leqslant v} E\{y(t) \cdot 1[z = t] + y_0 \cdot 1[z \neq t] | v = v'\}),\quad (9.6)\right.$$

$$\left.\sum_{v \in V} (v = v)(\min_{v' \geqslant v} E\{y(t) \cdot 1[z = t] + y_1 \cdot 1[z \neq t] | v = v'\})\right]$$

（b）设 $H_{MM}\{E[y(t)]\}$ 是空集，则 MM 假设确实不成立。　　　　□

假定工具变量是已实现的处理 z，那么命题 9.1 蕴含着，在 MTS 假设条件下的这个识别域。

推论 9.1.1　设 T 是一个有序集合，设 MTS 假设成立，则 $E[y(t)]$ 的识别域是如下闭区间

$$H_{MTS}\{E[y(t)]\} =$$

$$[P(z < t)y_0 + P(z \geqslant t)E(y|z = t), P(z > t)y_1 + P(z \leqslant t)E(y|z = t)]$$

$$(9.7)$$

　　　　□

证明　针对 $V = T$ 且 $v = z$，应用命题 9.1，可以得到

$$H_{MTS}\{E[y(t)]\} =$$

$$[\sum_{s \in T} P(z = s)(\max_{s' \leqslant s} E\{y(t) \cdot 1[z = t] + y_0 \cdot 1[z \neq t]|z = s'\}),\quad (9.8)$$

$$\sum_{s \in T} P(z = s)(\min_{s' \geqslant s} E\{y(t) \cdot 1[z = t] + y_1 \cdot 1[z \neq t]|z = s'\})]$$

式（9.8）中的下端点简化为式（9.7）中的下端点。为了理解这样的转化，通过观察可以发现

$$s' < t \Rightarrow E\{y(t) \cdot 1[z = t] + y_0 \cdot 1[z \neq t]|z = s'\} = y_0$$

$$s' = t \Rightarrow E\{y(t) \cdot 1[z = t] + y_0 \cdot 1[z \neq t]|z = s'\} = E(y|z = t)$$

$$s' > t \Rightarrow E\{y(t) \cdot 1[z = t] + y_0 \cdot 1[z \neq t]|z = s'\} = y_0$$

因此

$$s < t \Rightarrow \max_{s' \leqslant s} E\{y(t) \cdot 1[z = t] + y_0 \cdot 1[z \neq t]|z = s'\} = y_0$$

$$s \geqslant t \Rightarrow \max_{s' \leqslant s} E\{y(t) \cdot 1[z = t] + y_0 \cdot 1[z \neq t]|z = s'\} = E(y|z = t)$$

这就得到了式（9.7）中的下端点。关于上端点的证明，可类似地给出。

证毕

有启发作用的是，将仅仅利用实证证据得出 $E[y(t)]$ 的识别域与推论 9.1.1加以比较。仅仅利用实证证据的识别域是

$$H\{E[y(t)]\} = [P(z \neq t)y_0 + P(z = t)E(y|z = t),$$

$$P(z \neq t)y_1 + P(z = t), P(z \neq t)y_1 + P(z = t)E(y|z = t)] \quad (9.9)$$

（9.7）与（9.9）区间的宽度分别为

$$\| H_{MTS}\{E[y(t)]\} \| \| [E(y|z=t)-y_0]P(z<t) + [y_1 - E(y|z=t)]P(z>t)$$

$$(9.10)$$

与

$$\| H\{E[y(t)]\} \| = (y_1 - y_0)P(z<t) + (y_1 - y_0)P(z>t) \qquad (9.11)$$

前者识别域比后者识别域更为狭窄。例如,当 $P(z<t)=P(z>t)$ 时,前者识别域是后者识别域宽度的一半。

9.3 均值单调性与均值处理响应

在这一节,MM 假设与 MTR 假设均成立。命题9.2 给出了 $E[y(t)]$ 的作为结果的准确界。

命题9.2 设 V 与 T 是有序集合。设 MM 假设与 MTR 假设都成立,则

$$\sum_{v \in V} P(v=v)(\max_{v' \le v} E\{y \cdot 1[t \ge z] + y_0 \cdot 1[t<z] | v=v'\}) \le E[y(t)] \le$$

$$\sum_{v \in V} P(v=v)(\min_{v' \ge v} E\{y \cdot 1[t \le z] + y_1 \cdot 1[t>z] | v=v'\})$$

此界是准确的。

$$(9.12)$$

□

证明 推论8.1.1 已经证明,对于每一个 $v \in V$,由 MTR 假设可得到关于条件均值 $E[y(t)|v=v]$ 的准确界

$$E\{y \cdot 1[t \ge z] + y_0 \cdot 1[t<z] | v=v\} \le E[y(t)|v=v] \le \qquad (9.13)$$

$$E\{y \cdot 1[t \le z] + y_1 \cdot 1[t>z] | v=v\}$$

对于所有 $(v_1, v_2) \in V \times V$,MM 假设蕴含着

$$v_1 \le v \le v_2 \Rightarrow E[y(t)|v=v_1] \le E[y(t)|v=v] \le E[y(t)|v=v_2] \quad (9.14)$$

将式(9.13)与式(9.14)结合起来,可以证明:$E[y(t)|v=v]$ 不小于 MTR 条件下所得的 $E[y(t)|v=v_1]$ 的下界,同时不大于 MTR 条件下所得的 $E[y(t)|v=v_2]$ 的上界。对于所有 $v_1 \le v$ 且所有 $v_2 \ge v$,这种情况都成立。$E[y(t)|v=v]$ 上没有什么其他的限制。因而,关于 $E[y(t)|v=v]$ 的准确 MM – MTR 界是

$$\max_{x' \le v} E\{y \cdot 1[t \ge z] + y_0 \cdot 1[t<z] | v=v'\} \le E[y(t)|v=v] \le \qquad (9.15)$$

$$\min_{v' \ge v} E\{y \cdot 1[t \le z] + y_1 \cdot 1[t>z] | v=v'\}$$

现在,考虑边际均值 $E[y(t)]$。由期望迭代定律可得

$$E[y(t)] = \sum_{v \in V} P(v = V) E[y(t) | v = v] \tag{9.16}$$

不等式(9.15)表明,$E[y(t)|v=v]$ 的准确 MM – MTR 上界关于 v 是弱递增的。因此,$\{E[y(t)|v=v], v \in V\}$ 的准确联合下界(上界)可通过令每一个数量 $E[y(t)|v=v], v \in V$ 处于式(9.15)的下界(上界)来获得。将这些下界与上界代入到式(9.16)的右边,可以得到所要的结果。

证毕

只有 $y_0(y_1)$ 是有限的时候,命题9.2 中的下界(上界)才是有信息含量的。然而,假如 v 是已实现处理 z,则 MM 假设就会成为 MTS。于是,可以证明甚至 Y 是无穷大时,此界是有信息含量的。推论9.2.1 给出这样结果。

推论9.2.1　设 T 是一个有序集合,MTS 与 MTR 假设都成立,则

$$\sum_{s \le t} E(y|z=s) \cdot P(z=s) + E(y|z=t) \cdot P(z \ge t) \le E[y(t)] \le$$
$$\sum_{s > t} E(y|z=s) \cdot P(z=s) + E(y|z=t) \cdot P(z \le t) \tag{9.17}$$

这个界是准确的。　　　　　　　　　　　　　　　　　　　　　　　□

证明　对于 V = T 且 $v=z$,应用命题9.2,可以得到

$$\sum_{s \in T} P(z=s) \left(\max_{s' \le s} E\{y \cdot 1[t \ge z] + y_0 \cdot 1[t < z] | z = s'\} \right) \le E[y(t)] \le$$
$$\sum_{s \in T} P(z=s) \left(\min_{s' \ge s} E\{y \cdot 1[t \le z] + y_1 \cdot 1[t < z] | z = s'\} \right)$$

$$\tag{9.18}$$

式(9.18)中的下界简化为(9.17)。为了理解这样的转化,通过观察可以发现

$$s' \le t \Rightarrow E\{y \cdot 1[t \ge z] + y_0 \cdot 1[t < z] | z = s'\} = E(y|z=s')$$
$$s' > t \Rightarrow E\{y \cdot 1[t \ge z] + y_0 \cdot 1[t < z] | z = s'\} = y_0$$

因此

$$s < t \Rightarrow \max_{s' \le s} E\{y \cdot 1[t \ge z] + y_0 \cdot 1[t < z] | z = s'\}$$
$$= \max_{s' \le s} E(y|z=s') = E(y|z=s)$$
$$s \ge t \Rightarrow \max_{s' \le s} E\{y \cdot 1[t \ge z] + y_0 \cdot 1[t < z] | z = s'\}$$
$$= \max_{s' \le t} E(y|z=s') = E(y|z=t)$$

由 MTS 与 MTR 假设,最后等式成立

$$s' \leqslant s \Rightarrow E(y|z=s') = E[y(s')|z=s']$$

$$\leqslant E[y(s)|z=s']$$

$$\leqslant E[y(s)|z=s] = E(y|z=s) \qquad (9.19)$$

这就得到了下界。关于上界的证明,可类似地给出。

证毕

不等式(9.19)提供了针对 MTS – MTR 假设的一个检验。在此联合假设下,$E(y|z=s)$ 不是 s 的弱递增函数。因此,如果 $E(y|z=s)$ 不是 s 的弱递增函数,那么此假设就被驳斥。这个检验弱于 8.3 节所提出的随机占优检验的形式,8.3 节是对如下联合假设:处理响应是单调的,并且 z 与 y(·)是统计独立的进行检验。

平均处理效应的界 命题9.1与9.2提供了特定处理的均值结果的准确界。设 t 与 s 是这样的处理,满足 s < t。通常,关注的目标是平均处理效应 $E[y(t)] - E[y(s)]$。

与以往一样,$E[y(t)] - E[y(s)]$ 的下界(上界)是用 $E[y(s)]$ 的上界(下界)减去 $E[y(t)]$ 的下界(上界)而创建的。当这个推导仅仅建立在 MM 假设基础上,所得出的 $E[y(t)] - E[y(s)]$ 的界是准确的。这可由下面事实:MM 假设没有对不同处理的响应施加联合限制而得到。

当推导建立在 MM – MTR 假设基础上时,对精准性进行分析通常是十分复杂的,可是当将 MTS 与 MTR 假设结合起来,在特定情况下,进行精准性分析是可能的。于是,$E[y(t)] - E[y(s)]$ 的上界是

$$E[y(t)] - E[y(s)] \leqslant \sum_{t'>t} E(y|z=t') \cdot P(z=t') + E(y|z=t) \cdot P(z\leqslant t) -$$

$$\sum_{s'<s} E(y|s)E(y|z=s') \cdot P(z=s') - E(y|z=s) \cdot P(z\geqslant s)$$

(9.20)

由(9.19)可得,(9.20)的右边是非负的,并且不小于 $E[y|z=t] - E(y|z=s)$,在 MMAR 假设条件下,此值是 $E[y(t)] - E[y(s)]$。联合地对 $E[y(t)]$ 取其最大值,并且对 $E[y(s)]$ 取其最小值,当这样做可行时,不等式(9.20)是精准的。

$E[y(t)] - E[y(s)]$ 的下界,可利用与建立式(9.20)相同方式来创建,不过此结果总是非正的,一般地说是负的。TR 假设蕴含着 $E[y(t)] - E[y(s)] \geqslant 0$,

所以下界一般不是准确的。

9.4　单调工具变量专题变化形式

为了保证这一章主题能够继续探讨,同时在实证研究中被证明十分有用,人们很容易考察本章主题的变化形式。有些人以 SI 假设开始讨论,而且使它弱于随机控制的假设。另一些人则会使 MI 假设弱于"近似"均值独立性的某种形式。这样做的一种方法是,声称对于 $(v, v') \in V \times V$

$$\| E[y(t) | v = v'] - E[y(t) | v = v] \| \leqslant C \qquad (9.21)$$

其中 $C > 0$ 表示特定常值,本章主题的另一种变化形式则是声称,诸如均值独立性这样分布假设,对于可观测总体来说,是部分地成立而不是全部成立。[1]

补充 9A　受教育回报

曼斯基和佩珀(2000),在 MTS 与 MTR 假设条件下,报告了对受教育回报的实证研究。正如 9.1 节所阐述的,这两个假设与人力资本积累的经济思想是相吻合的。即使并不一定能保证人们对其无可争议地接收,但这两个假设一定值得严肃考虑。

数据　这里的分析运用了来自 NLSY 的数据。基期年份为 1979 年,NLSY 在此年份采访年龄在 14 岁与 22 岁之间的 12 686 位人员,几乎有近一半的调查对象是随机抽取的,其余的人员被选为过度代表某个人口统计群体。我们将自己的研究焦点仅限于 1 257 位随机抽取的白人男子,这些男子是 1994 年报告的整年全职工作挣得明确工资,个体经营人员被排除在外。因而,实证研究关注于具有共同可观测协变量人员的子总体。

$x = 1994$ 年报告的整年全职工作的白人男子工人,但不是个体经营人员,同时报告他们的工资。

NLSY 提供了 1994 年的调查对象的受教育完成年限与每小时工资。因而,

z 是受教育完成年限,响应变量 $y_j(t)$ 表示 $\log(\text{wage})$,也就是第 j 个人如果他果真有 t 年受教育时所经历的,而 y_j 表示观测到的每小时 $\log(\text{wage})$。关注的目标是对于具体的 s 与 t 值,平均处理效应 $\triangle(s,t) \equiv E[y(t)] - E[y(s)]$。

[注意:使用 $\log(\text{wage})$ 而不是工资(wage)测度人力资本的生产力,这是劳动力经济学十分盛行的实践做法。原因与其说是实质性的,不如说历史性的。早期对受教育回报进行探讨的研究者所提出的 $\log(\text{wage})$ 的特定模型,会导致后来探索者遵从的研究惯例。]

统计考虑背景 由命题 9.1 与 9.2 所建立起来的界是以非参数形式估计的条件概率与均值响应的连续函数。就这个应用而言,必须估计给定式(9.20),关于 $\triangle(s,t)$ 的 MTS – MTR 上界。因而,我们不得不估计受教育完成 t 年的概率 $P(z)$,还有以受教育为条件的 $\log(\text{wage})$ 的期望 $E(y|z)$。受教育的实证分布经常用于估计 $P(z)$,而带有受教育 z 年的调查对象样本平均 $\log(\text{wage})$ 则用于估计 $E(y|z=z)$。因此,估计 MTS – MTR 上界是比较简单的事情。

关于界的渐近有效置信区间,可以利用 delta 方法或者自助法来计算。我们应用百分位数自助法。MTS – MTR 上界(9.20)的估计的自助法抽样分布正是其在如下假设条件下的抽样分布,此假设为:未知分布 $P(y,z)$ 等于随机抽取的 NLSY 的 1 257 位调查对象样本中这些变量的实证分布。自助法抽样分布的 0.95 分位数被报告为几乎达到每个上界估计值。

研究发现 表 9.1 给出了,运用 $E(y|z)$ 与 $P(z)$ 的估计值来估计 MTS – MTR 界。此表显示,NLSY 调查对象的 41% 有 12 年的受教育水平,而 19% 有 16 年的受教育水平,可是受教育分布的支集从 8 年延展到 20 年。因此,我们能够报告出,关于 $t=9$ 直至 20 且 $8 \leq s < t$ 的 $\triangle(s,t)$ 研究发现成果。

9.3 节已经证明,MTS – MTR 假设是可检验的假设,如果 $E(y|z=s)$ 关于 s 不是弱递增的,那么就应该驳斥该假设。表 9.1 中,对于绝大部分来说 $E(y|z=s)$ 的估计值关于 s 是递增的,但是偶尔有点下降。当计算 $E(y|z)$ 估计值的一致 95% 置信带时,我们会发现:置信带包含了处处单调函数。所以,我们继续给出后面推演的基础:MTS – MTR 假设是与实证证据相一致的。

表 9.1 实证均值 log(wage) 与受教育年限的分布

z	E($y|z$)	P(z)	样本量
8	2.249	0.014	18
9	2.302	0.018	22
10	2.195	0.018	23
11	2.346	0.025	32
12	2.496	0.413	519
13	2.658	0.074	93
14	2.639	0.083	104
15	2.693	0.035	44
16	2.870	0.189	238
17	2.775	0.038	48
18	3.006	0.051	64
19	3.009	0.020	25
20	2.936	0.021	27
总计		1	1 257

表 9.2 报告出，关于 $\triangle(t-1,t)$ 的 MTS – MTR 上界的估计值及自助法 0.95 分位数，$t=9,\cdots,20$，$\triangle(12,16)$ 的上界跟随其后，这可以将高中结束情况与学院结束情况加以比较。这些平均处理效应的点估计值，在 MMAR 假设条件下可直接通过表 9.1 的第一列来获得。在此假设下，$\triangle(s,t) = E(y|z=t) - E(y|z=s)$。

为了提供结果的来龙去脉，回顾受教育回报实证文献中所报告的 $\triangle(t-1,t)$ 的点估计十分有用。由卡德（Card，1994）给出的全面评述中所引用的大多数点估计是位于 0.07 与 0.09 之间。卡德（1993）报告的点估计为 0.132。阿申费尔特和克鲁格（1994）报告了各种不同估计值，并得到如下结论（1 171 页）："我们最佳估计是，增加受教育会使每年提高 12～16% 的平均工资率"

表 9.2　受教育回报的 MTS - MTR 上界

s	t	$\triangle(s,t)$的上界	
		估计值	自助法 0.95 分位数
8	9	0.390	0.531
9	10	0.334	0.408
10	11	0.445	0.525
11	12	0.313	0.416
12	13	0.253	0.307
13	14	0.159	0.226
14	15	0.202	0.288
15	16	0.304	0.369
16	17	0.165	0.256
17	18	0.386	0.485
18	19	0.368	0.539
19	20	0.296	0.486
12	16	0.397	0.450

表 9.2 中关于$\triangle(t-1,t)$的上界估计值没有一个小于文献报告的点估计值。关于$\triangle(13,14)$的上界估计值当中最小的是 0.159,而$\triangle(16,17)$的上界估计值当中最小的是 0.165。这两个值等于可行点估计值的最大者,也就是阿申费尔特和克鲁格(1994)的那些值。所以,这可能表明,在此应用中,MTS - MTR 假设并不是有充分的识别力来影响到当前对受教育回报数量的考察。

就$\triangle(12,16)$的上界考察而言,出现了各种不同结论。我们估计出:相对于高中毕业水平,四年大学毕业至多在 log(wage)均值上会增加 0.397。这意味着,四年当中逐年处理效应$\triangle(12,13)$,$\triangle(13,14)$,$\triangle(14,15)$及$\triangle(15,16)$的平均值至多为 0.099。这也小于卡德(1993)、阿申费尔特和克鲁格(1994)的点估计。假如采取取得保守方式,人们使用 0.450 的自助法 0.95 分位数来估计$\triangle(12,16)$的上界,这个结论继续有效。于是,逐年处理效应的平均值的隐含上界是 0.113。因而,我们发现,在 MTS - MTR 假设条件下,大学水平受教育的回报小于文献所报告的某些点估计值。

注　释

这一章所用的分析方法,就起源而论源自曼斯基和佩珀(2000)论文。

正文注释

霍茨、马林斯和桑德(Hotz, Mullius, and Sander, 1997)研究了单调工具变量的最新变化形式,他们假定 MI 假设在关注的总体中成立。然而,观察到的总体却是这个总体与另一个总体 MI 假设不成立的概率混合体。他们采用污染工具分析方法,探讨第 4 章的污染抽样方面的研究发现。

混合问题

第 10 章

10.1 组内处理变异

在处理响应分析中,一个广泛应用的概念是运用一个处理规则来推断另一个处理规则。规划者或研究者可观察到在某个现状处理规则条件下所实现的(结果、处理、协变量)分布 $P(y,z,x)$,然后想要认识在推测规则条件下会发生结果的分布。

第 7 章的规则问题激发了在如下规则条件下对预测结果的兴趣,此规则的处理会随着某些人具有可观测的协变量 x 的不同值而变化,但是针对具有相同 x 值的人则接受同样的处理。第 8 章和第 9 章继续探讨使那些具有相同可观测的协变量的人接受一样处理的规则。因而,这几章研究了结果数据分布 $\{P[y(t)|x=x,t\in T,x\in X]\}$,同时比较另一种被安排处理的处理效应。

运用随机化实验的推断 这一章探讨,当处理随组内享有相同协变量 x 值的人员而变化时,对结果进行预测的问题。不论处理选择是由第 7 章的规划者做出,还是由能够分辨带有同样 x 值的其他决策者做出,组内处理变异都会发生。当处理选择被分散安排时,即总体中的每一位成员选择他自己的处理时,出现组内处理变异特别常见。例如,医院病人会在医生建议的几种治疗方案选项中选择进行,少年儿童可以在各种不同

142

受教育方案中选择,等等。

本章特别地研究运用经典的随机化实验进行推断。正如第 7 章所阐述的,在经典实验中随机地将实验对象安排在设计的处理组中,而且所有实验对象与他们的设计处理相吻合。经典实验在那种命令有相同可观察协变量的人员接受一样处理的条件下,才会以可信方式点识别结果数据分布,同时使规划者执行最优处理选择。不过,经典实验在处理随组内成员不同而变化的那种规则条件下确定不能点识别结果数据分布。我们的任务是,刻画什么样实验会揭示在这样处理规则条件下的结果。

佩里学前研究项目　举一个例子有助于引出所研究的问题,同时提供某种针对基本问题的洞察力。早期著名的运用带有随机指派的处理实验用来评估反贫穷项目,这是 20 世纪 60 年代早期开始的佩里学前研究项目。强化教育和社会服务提供了 60 名年龄为 3 岁至 4 岁的黑人儿童,他们居住在密歇根州伊斯兰提镇的低收入社区,作为随机样本。将抽取到的这样儿童的第二个随机样本作为对照组(控制组),为这个对照组没有提供特殊服务。处理组和对照组后来陆续长大成人。其中人们发现,处理组的 67% 与对照比组的 49% 到 19 岁时高中学业毕业。这个研究结果和针对其他结果的类似研究结果被广泛引用,作为早期强化儿童教育干预改进儿童后来结果的风险。[1]

问题是这样的:在某些儿童接受佩里学前研究项目服务,而其余儿童则没有接受此项目服务处理规则条件下,实验会揭示出高中学业毕业的概率是多少呢? 例如,如果预算限制果真要求只提供合理的服务,那么高中学业毕业的概率是多少呢? 假如某些父母拒绝让他们的孩子接受此项目,则会出现怎样的结果呢?

人们做出的推测是,倘若某些儿童接受佩里学前研究项目服务,而其余儿童则没有接受项目服务,则高中学业毕业概率一定会位于那些可观测的佩里学前研究项目对照组与处理组之间,即 0.49 与 0.67 之间。在某些假设下,这样的推测是正确的,而在一般情况下则是不正确的。

仅有实验只可揭示出:毕业率会位于 0.16 与 1 之间。为了弄清此答案的由来,通过观察可以发现:总体中的每一个成员是 $[y(1),y(0)]$ 的四种值之一

$$[y(1) = 0, y(0) = 0], [y(1) = 0, y(0) = 1]$$
$$[y(1) = 1, y(0) = 0], [y(1) = 1, y(0) = 1]$$

处理分派对于 $y(1) = y(0)$ 的那种人来说,没有什么影响,但是却可以确定 $y(1) \neq y(0)$ 的那种人结果。可行的最高毕业率可通过下面的处理规则来达到,这个规则总是选择最佳的毕业结果的处理,所以对满足 $[y(1)=1,y(0)=0]$ 的每个人给予处理 1,而对满足 $[y(1)=0,y(0)=1]$ 的每个人给予处理 0。于是,唯有没有毕业的人,则是满足 $[y(1)=0,y(0)=0]$ 的那些人,因此,毕业率为 $1-P[y(1)=0,y(0)=0]$。与之相对应的情况,可行最低毕业率可通过如下规则达到:故意地或错误地对满足 $[y(1)=1,y(0)=0]$ 的每个人给予处理 0,而对满足 $[y(1)=0,y(0)=1]$ 的每个人给予处理 1。于是,唯有毕业的人则是满足 $[y(1)=1,y(0)=1]$ 的那些人,所以毕业率是 $P[y(1)=1,y(0)=1]$。

实验不能揭示 $P[y(1)=0,y(0)=0]$ 与 $P[y(1)=1,y(0)=1]$ 联合概率,这是因为处理 1 与处理 0 是互斥的。实验确实揭示了边缘概率 $P[y(1)=1]=0.67,P[y(0)=1]=0.49$。可以证明,与这些边缘概率相一致的所有联合分布 $P[y(1),y(0)]$ 当中,存在一个不仅使得 $P[y(1)=0,y(0)=0]=0$ 而且 $P[y(1)=1,y(0)=1]$ 为最小的。也就是

$$P[y(1)=0,y(0)=0]=0, P[y(1)=0,y(0)=1]=0.33$$
$$P[y(1)=1,y(0)=0]=0.51, P[y(1)=1,y(0)=1]=0.16$$

因此,与实验证据相吻合的最大毕业率为 1,而最低毕业率为 0.16。

从边缘到混合 归根到底,利用随机化实验进行推断正是给定边缘概率知识来推断概率混合的推断问题,这就构成了混合问题。混合问题不要与第 4 章和第 5 章所讨论的反问题相混淆。在反问题讨论中,人们观察到概率混合,然后想要了解知道随机变量混合的分布是怎样的。不过,这两个问题有联系,这正是将要立刻加以阐明的内容。

设 $\tau: J \to T$ 表示处理规则,其结果是人们可以预测的。令

$$y(\tau) \equiv \sum_{t \in T} y(t) \cdot 1[\tau = 1] \tag{10.1}$$

是在此规则 τ 下刻画结果的随机变量。因而 $y(\tau)$ 是 $[y(t), t \in T]$ 的概率混合形式,其分布是

$$P[y(\tau)] = \sum_{t \in T} P[y(t) | \tau = t] \cdot P(\tau = t) \tag{10.2}$$

因而随机化实验揭示了边缘结果数据分布 $P[y(t)], t \in T$。对于每一个 t 值,由全概率定律可知

$$P[y(t)] = P[y(t)|\tau=t] \cdot P(\tau=t) + P[y(t)|\tau\neq t] \cdot P(\tau\neq t) \quad (10.3)$$

因而 $P[y(t)]$ 是 $P[y(t)|\tau=t] \cdot P(\tau=t)$ 之和,这一项出现在式(10.2)的右边,而 $P[y(t)|\tau\neq t] \cdot P(\tau\neq t)$ 并没有出现在此。

$P[y(z)]$ 的识别域取决于人们所知道的 $P[y(\tau)]$ 与 τ 的内容。10.2 节假设人们知道了处理份额(shaves)$[P(\tau=t), t\in T]$,但是没有什么其他信息。10.3 节研究只利用实验的推断。[2]

这一章的研究结果,可立刻应用到由可观测协变量所标示的子总体上。为了简化记号,我们这里分析没有以明显形式表示以 x 为条件。

10.2　已知处理份额

带有已知处理份额的识别分析是通过研究利用仅有实验进行推断的关键步骤。已知处理份额的情况也是大量关注的内容。例如,资源限制会将佩里学前研究项目干预局限于合格总体的一部分上。预算限制及每位学前儿童的成本方面知识足以决定接受处理的部分有多少。或许更为困难的是,预测学校官员、社会工作者以及父母会怎样相互影响,确定哪些儿童接受处理。

假定处理份额在规则 τ 条件下是已知的。那么,式(10.3)的结构就与第 4 章的污染抽样问题的结构是一样的。设 $p\equiv[P(\tau=t), t\in T]$ 表示在规则 τ 条件下的处理份额的向量,对于每一个 $t\in T$,应用命题 4.1(a)部分,则得到 $P[y(t)|\tau=t]$ 的识别域

$$H_p\{P[y(t)|\tau=t]\} \equiv \Gamma_Y \bigcap \{\{P[y(t)] - (1-p_t)\gamma\}/p_t, r\in\Gamma_Y\} \quad (10.4)$$

每一个处理的实验证据,对于在其他处理条件下的结果来说都是没有信息的。因此,关于 $\{P[y(t)|\tau=t], t\in T\}$ 的联合识别域是笛卡儿乘积 $\times_{t\in T} H_p\{P[y(t)|\tau=t]\}$。在 $\{P[y(t)|\tau=t], t\in T\}$ 的所有可行值上,计算式(10.2)的右边,可以得到 $P[y(t)]$ 的识别域:

命题 10.1　设 $\{P[y(t)], t\in T\}$ 与 p 都是已知的,则 $P[y(\tau)]$ 的识别域是

$$H_p\{P[y(\tau)]\} \equiv \Big\{ \sum_{t\in T} \eta_t \cdot p_t, \eta_t\in H_p\{P[y(t)|\tau=t]\}, t\in T \Big\} \quad (10.5)$$

$\square$

对于事件概率以及遵从随机占优的参数的识别域,可通过类似于命题4.2与4.3那样证明来得到。推论10.1.1与10.1.2给出了这类结果。

推论10.1.1 设$B \subset Y$,则$P[y(\tau) \in B]$的识别域是

$$H_p\{P[y(\tau) \in B]\} \equiv$$

$$\{\sum_{t \in T} \eta_t(B), \eta_t(B) \in [\max\{0, P[y(t) \in B] - (1 - p_t)\}, \quad (10.6)$$

$$\min\{p_t, P[y(t) \in B]\}], t \in T\}$$

□

证明 由(10.2)可知

$$P[y(\tau) \in B] = \sum_{t \in T} P[y(t) \in B | \tau = t] \cdot p_t \quad (10.7)$$

运用命题4.2(a)部分,可以得到$P[y(t) \in B | \tau = t]$的识别域

$$H_p\{P[y(t) \in B | \tau = t]\} \equiv \quad (10.8)$$

$$[0,1] \bigcap [\{P[y(t) \in B]\} - (1 - p_t)\}/p_t, P[y(t) \in B]/p_t]$$

因此,$P[y(t) \in B | \tau = t]p_t$的识别域为

$$H_p\{P[y(t) \in B | \tau = t]p_t\} \equiv$$

$$[0, p_t] \bigcap [P[y(t) \in B] - (1 - p_t), P[y(t) \in B]] = \quad (10.9)$$

$$[\max\{0, P[y(t) \in B] - (1 - p_t)\}, \min\{p_t, P[y(t) \in B]\}]$$

$\{P[y(t) \in B | \tau = t]p_t, t \in T\}$的识别域是(10.9)集合的笛卡儿乘积。在这些量的所有可行值上计算式(10.7)的右边,可得式(10.6)。

证毕

推论10.1.2 设Y是R的子集,R包括了它自身的上端点及下端点,即y_1与y_0。对于$t \in T$,如下定义R上的$L_{(p,t)}$与$U_{(p,t)}$。对于$r \in R$

$$L_{(p,t)}[-\infty, t] \equiv \begin{cases} P[y(t) \leq r]/p_t, r < Q_{pt}[y(t)] \\ 1, r \geq Q_{pt}[y(t)] \end{cases} \quad (10.10a)$$

$$U_{(p,t)}[-\infty, t] \equiv \begin{cases} 0, r < Q_{1-pt}[y(t)] \\ \{P[y(t) \leq r] - (1 - p_t)\}/p_t, r \geq Q_{1-pt}[y(t)] \end{cases} \quad (10.10b)$$

设$D(\cdot)$遵从随机占优。于是

$$D[\sum_{t \in T} L_{(p,t)} \cdot p_t] \leq D\{P[y(\tau)]\} \leq D[\sum_{t \in T} U_{(p,t)} \cdot p_t] \quad (10.11)$$

这个界是准确的。

证明　命题 4.3（a）部分证明已经表明：$L_{(p,t)}$ 与 $U_{(p,t)}$ 分别是识别域 $H_p\{P[y(t)|\tau=t]\}$ 的最小元素与最大元素，其中 $L_{(p,t)}$ 被每一个可行分布所随机占优，而 $U_{(p,t)}$ 随机占优每一个这样分布。因此，在 $(L_{(p,t)},t\in T)$ 与 $(U_{(p,t)},t\in T)$ 处计算式（10.2）的右边，可得到关于遵从随机占优的 $P[y(t)]$ 的任何参数的最小可行值与最大可行值。

证毕

10.3　仅利用实验的推断

现在，我们假定处理份额是未知的，所以唯一可用的信息是源自随机化实验的实证证据。设 S 表示 $R^{|T|}$ 中的单位单纯形，处理份额能够在 S 中取任何值。因此，仅仅利用实证证据时关于 $P[y(\tau)]$ 的识别域是对于所有不同的 $p\in S$，集合 $H_p\{P[y(\tau)]\}$ 的并集。针对事件概率与遵从随机占优的参数的情况，可以得到类似的研究结果。这些研究结果以命题 10.2 形式汇总给出。

命题 10.2　设 $\{P[y(t)],t\in T\}$ 是已知的，则 $P[y(\tau)]$ 的识别域是

$$H\{P[y(\tau)]\}=\bigcup_{p\in s}H_p\{P[y(\tau)]\} \tag{10.12}$$

设 $B\subset Y$，则 $P[y(\tau)\in B]$ 的识别域是

$$H\{P[y(\tau)\in B]\}=\bigcup_{p\in s}H_p\{P[y(\tau)\in B]\} \tag{10.13}$$

设 $D(\cdot)$ 遵从随机占优，则

$$\inf_{p\in s}D\Big[\sum_{t\in T}L_{(p,t)}\cdot p_t\Big]\leqslant D\{P[y(\tau)]\}\leqslant\sup_{p\in s}D\Big[\sum_{t\in T}U_{(p,t)}\cdot p_t\Big]$$

$$\tag{10.14}$$

此界是准确的。　　　　　　　　　　　　　　　　　　　　　□

尽管命题 10.2 显得一般，但却抽象。考虑事件概率的识别这种特殊情况，当存在两种处理时，所得到的结果容易理解及应用。推论 10.2.1 给出了这个结果。

推论 10.2.1 设 $T = \{0,1\}$。定义 $C \equiv P[y(1) \in B] + P[y(0) \in B]$，则关于 $P[y(\tau) \in B]$ 的识别域是

$$H\{P[y(\tau) \in B]\} = [\max(0, C-1), \min(C,1)] \qquad (10.15)$$

$\square$

证明 当 T 包含两个元素时，借助于对式 (10.13) 的计算，尽管烦琐耗时费力，但可以直接证明推论。为了证明 (10.15) 中区间端点是 $P[y(\tau) \in B]$ 的准确界，下面推演运用简单直接的论述。这个推演对 10.1 节所述的佩里学前研究项目推论加以系统表述成公式。

$P[y(\tau) \in B]$ 的可行最大值是 $1 - P[y(1) \notin B \bigcap y(0) \notin B]$。这个值可通过如下规则来达到，此规则总是选择使其结果位于 B 的处理，前提是该规则存在。$P[y(\tau) \in B]$ 的最小可行值可通过下述规则来达到，此规则总是选择使其结果位于 B 的补集中的处理，前提是这样规则存在。因而 $P[y(\tau) \in B]$ 一定会位于下面区间之中

$$P[y(1) \in B \bigcap y(0) \in B] \leq 1 - P[y(1) \notin B \bigcap y(0) \notin B] \qquad (10.16)$$

如果 $P[y(\cdot)]$ 是已知的，那么 (10.16) 就是 $P[y(\tau) \in B]$ 的准确界。然而，我们关注那样的情形：只有边缘 $P[y(1)]$ 与 $P[y(0)]$ 都为已知的。在此情况下，$P[y(\tau) \in B]$ 的准确下界是 $P[y(1) \in B \bigcap y(0) \in B]$ 的最小值，这与已知 $P[y(1)]$ 与 $P[y(0)]$ 是相吻合的。准确上界则是 1 减去 $P[y(1) \notin B \bigcap y(0) \notin B]$ 的最小值。

设 $A \subset Y$。可以证明，边缘 $P[y(1)]$ 与 $P[y(0)]$ 的知识蕴含着 $P[y(1) \in A \bigcap y(0) \in A]$ 的这个准确界[3]

$$\begin{aligned} &\max\{0, P[y(1) \in A] + P[y(0) \in A] - 1\} \leq \\ &P[y(1) \in A \bigcap y(0) \in A] \leq \\ &\min\{P[y(1) \in A], P[y(0) \in A]\} \end{aligned} \qquad (10.17)$$

对于满足 $A = B$，应用 (10.17) 则得到 (10.15) 中 $P[y(\tau) \in B]$ 的下界。对于满足 $A = Y - B$，应用 (10.17) 则得到上界。

证毕

通过观察可以发现，$P[y(\tau) \in B]$ 的识别域不论来自右边还是左边都是有

信息的,但是同时来自两边没有。当 C 趋向于 0 或 2 时,识别域的宽度会变窄,而当 C 趋向于 1 时,识别域宽度会变宽。因而,边缘知识或许揭示很多或者很少的关于 $P[y(\tau) \in B]$ 的量度信息,这取决于 C 的实证值。在佩里学前研究项目说明中,$B = \{1\}$,$P[y(0) \in B] = 0.49$,$P[y(1) \in B] = 0.67$,而 $C = 1.16$。

补充 10A　没有协变量数据条件下的实验

当规划者观测到经典随机化实验中的处理与结果,但却不能观测到实验调查对象的协变量时,就会发生有意思的混合问题。这种信息情况在医学背景下十分普遍。医生通常有大量的他们所处置病人的医疗历史、诊断检查结果以及人口统计属性,这些病人信息都是协变量信息。医生也时常知道为评估另一种治疗方案而进行随机化临床实验的结果。然而,医学期刊报告临床实验的论文通常确实不报告实验的接受试验者方面的更多协变量信息,报告临床实验的论文描述了仅有广义危险因素组的结果。

为了领悟规划者问题的本质,考虑下面最简单的非平凡设置就足够了:在此设置下,处理、结果以及协变量都是二值的。因而,假如存在二个处理,比如 $t = 0$ 与 $t = 1$,结果 $y(t)$ 是二值的,即 $y(t) = 0$ 与 $y(t) = 1$,因此 $E[y(t) \mid x] = P[y(t) = 1 \mid x]$。协变量 x 也是二值的,取值 $x = a$ 与 $x = b$。

甚至在这种简单设置背景下,对规划者问题进行分析证明是非常复杂的。存在四种可行的处理规则,这四种规则及其均值结果如下:

处理规则 $\tau(0,0)$:所有人员接受 $t = 0$,其均值结果是 $M(0,0) \equiv P[y(0) = 1]$。

处理规则 $\tau(1,1)$:所有人员接受 $t = 1$,其均值结果是 $M(1,1) \equiv P[y(1) = 1]$。

处理规则 $\tau(0,1)$:满足 $x = a$ 的人员接受 $t = 1$,而满足 $x = b$ 的人员接受 $t = 0$,其均值结果是

$$M(1,0) \equiv P[y(1) = 1 \mid x = a] \cdot P(x = a) + P[y(0) = 1 \mid x = b] \cdot P(x = b)$$

处理规则 $\tau(1,0)$:满足 $x = a$ 的人员接受 $t = 1$,而满足 $x = b$ 的人员接受 $t = 0$,其均值结果是

$$M(1,0) \equiv P[y(1) = 1 \mid x = a] \cdot P(x = a) + P[y(0) = 1 \mid x = b] \cdot P(x = b)$$

占优处理规则 四种可行处理规则的哪一个是被占优的呢？实验可揭示 M(0,0) 与 M(1,1)。因而,如果 M(0,0) < M(1,1),则规则 $\tau(0,0)$ 是被占优的。如果 M(1,1) < M(0,0),则规则 $\tau(1,1)$ 是占优的。当 M(0,0) = M(1,1) 时,规则者在这两个规则之间是无差异的。

做实验确实不能揭示 M(0,1) 与 M(1,0)。然而,推论 10.1.1 证明了,对于研究总体所做的实验与关于处理总体的协变量分布的知识蕴含着这些量的准确界。关于 M(0,1) 与 M(1,0) 的准确界是

$$\max\{0, P[y(1)=1] - P(x=a)\} + \max\{0, P[y(0)=1] - P(x=b)\} \leq$$

$$M(0,1) \leq \min\{P(x=b), P[y(1)=1]\} + \min\{P(x=a), P[y(0)=1]\}$$

$$\max\{0, P[y(1)=1] - P(x=b)\} + \max\{0, P[y(0)=1] - P(x=a)\} \leq$$

$$M(1,0) \leq \min\{P(x=a), P[y(1)=1]\} + \min\{P(x=b), P[y(0)=1]\}$$

这些界的形式决定了哪一个处理规则是被占优的。假如 $P[y(0)=1] \leq P[y(1)=1]$,并且 $P(x=a) \leq P(x=b)$,那么,规则 $\tau(0,0)$ 被 $\tau(1,1)$ 所占优。在其他规则之间的占优关系取决于 $P[y(0)=1], P[y(1)=1], P(x=a)$ 以及 $P(x=b)$ 的次序。存在六种各不相同的次序需要考虑:

情况 1

$$P[y(0)=1] \leq P[y(1)=1] \leq P(x=a) \leq P(x=b)$$

$$0 \leq M(0,1) \leq P[y(1)=1] + P[y(0)=1]$$

$$0 \leq M(1,0) \leq P[y(1)=1] + P[y(0)=1]$$

于是,规则 $\tau(0,1), \tau(1,0)$ 以及 $\tau(1,1)$ 都是非占优的。

情况 2

$$P[y(0)=1] \leq P(x=a) \leq P[y(1)=1] \leq P(x=b)$$

$$P[y(1)=1] - P(x=a) \leq M(0,1) \leq P[y(1)=1] + P[y(0)=1]$$

$$0 \leq M(1,0) \leq P(x=a) + P[y(0)=1]$$

于是,规则 $\tau(0,1)$ 与 $\tau(1,1)$ 都是非占优的。当 $P(x=a) + P[y(0)=1] < P[y(1)=1]$,则规则 $\tau(1,0)$ 被规则 $\tau(1,1)$ 所占优。

情况 3

$$P[y(0)=1] \leq P(x=a) \leq P(x=b) \leq P[y(1)=1]$$

$$P[y(1)=1] - P(x=a) \leq M(0,1) \leq P(x=b) + P[y(0)=1]$$

$$P[y(1)=1]-P(x=b)\leqslant M(1,0)\leqslant P(x=a)+P[y(0)=1]$$

于是,规则 $\tau(1,1)$ 是非占优的。当 $P(x=b)+P[y(0)=1]<P[y(1)=1]$ 时,规则 $\tau(0,1)$ 被规则 $\tau(1,1)$ 所占优。当 $P(x=a)+P[y(0)=1]<P[y(1)=1]$ 时,规则 $\tau(1,0)$ 被规则 $\tau(1,1)$ 所占优。

情况 4

$$P(x=a)\leqslant P[y(0)=1]\leqslant P[y(1)=1]\leqslant P(x=b)$$

$$P[y(1)=1]-P(x=a)\leqslant M(0,1)\leqslant P[y(1)=1]+P(x=a)$$

$$P[y(0)=1]-P(x=a)\leqslant M(1,0)\leqslant P(x=a)+P[y(0)=1]$$

于是,规则 $\tau(1,1)$ 与 $\tau(0,1)$ 都是非占优的。当 $P(x=a)+P[y(0)=1]<P[y(1)=1]$ 时,则规则 $\tau(1,0)$ 被规则 $\tau(1,1)$ 所占优。

情况 5

$$P(x=a)\leqslant P[y(0)=1]\leqslant P(x=b)\leqslant P[y(1)=1]$$

$$P[y(1)=1]-P(x=a)\leqslant M(0,1)\leqslant 1$$

$$P[y(1)=1]+P[y(0)=1]-1\leqslant M(1,0)\leqslant P(x=a)+P[y(0)=1]$$

于是,规则 $\tau(1,1)$ 与 $\tau(0,1)$ 都是非占优的。当 $P(x=a)+P[y(0)=1]<P[y(1)=1]$ 时,规则 $\tau(1,0)$ 被规则 $\tau(1,1)$ 所占优。

情况 6

$$P(x=a)\leqslant P(x=b)\leqslant P[y(0)=1]\leqslant P[y(1)=1]$$

$$P[y(1)=1]+P[y(0)=1]-1\leqslant M(0,1)\leqslant 1$$

$$P[y(1)=1]+P[y(0)=1]\leqslant M(1,0)\leqslant 1$$

于是,规则 $\tau(0,1),\tau(1,0)$ 与 $\tau(1,1)$ 都是非占优的。

情况 1 至情况 6 表明,有三个处理规则或仅有零处理规则是占优的,这取决于 $P[y(0)=1],P[y(1)=1],P(x=a)$ 以及 $P(x=b)$ 的实证值。一种恒定性是,规则 $\tau(1,1)$ 总是非占优的。实际上,$\tau(1,1)$ 总是极大极小规则。

再研究佩里学前研究项目　为了阐明清楚,考虑规划者或许是社会工作者的情况,其中规划者负有对伊普西兰蒂地区低收入黑人儿童实施学前教育处理选择的责任,目标是促使高中毕业率最大化。规划者可以指派每一位儿童佩里学前教育处理,或者不指派参与。假如规划者观察到刻画总体的每一位成员的二值协变量,为了具体起见,设协变量指示儿童家庭状况,当儿童有双亲父亲母亲完整家庭时, $x = a$, 否则 $x = b$。

可利用的结果数据揭示了, 没有儿童接受佩里学前教育处理的 $\tau(0,0)$, 被全部儿童都接受佩里学前教育处理的 $\tau(1,1)$ 所占优的。规划者不以推断规则 $\tau(0,1)$ 与 $\tau(0,1)$ 的结论取决于协变量分布 $P(x)$。

假定一半儿童有完整家庭, 所以 $P(x = a) = P(x = b) = 0.5$。于是, 前面所述的第三种情况成立。在规则 $\tau(0,1)$ 与 $\tau(1,0)$ 条件下, 均值结果的界是

$$0.17 \leqslant M(0,1) \leqslant 0.99, 0.17 \leqslant M(1,0) \leqslant 0.99$$

这些界蕴含着规则 $\tau(0,1)$ 与 $\tau(1,0)$ 彼此彻底改变了处理指派, 有高中毕业的大量的潜在结果的宽广范围。如果以协变量为条件的(未知)毕业概率是

$$P[y(0) = 1 | x = a] = 0.98, P[y(1) = 1 | x = a] = 0.34$$

$$P[y(0) = 1 | x = b] = 0, P[y(1) | x = b] = 1$$

那么 $\tau(0,1)$ 最佳情况与 $\tau(0,1)$ 最坏情况两者均可发生。运用这些毕业概率会得到 $M(0,1) = 0.99, M(1,0) = 0.17$, 这与实验证据 $P[y(0) = 1] = 0.49$ 与 $P[y(1) = 1] = 0.67$ 相吻合。它们描述了各种可能世界: 对于不完整家庭的儿童来说, 学前受教育是完成高中教育所必需的而且是充分的, 但本质上伤害了完整家庭儿童的毕业前程。存在另一种彻底改变毕业概率: 即 $M(0,1) = 0.17$, 而 $M(1,0) = 0.99$ 的情形。因此, 规则 $\tau(0,1), \tau(1,0)$ 以及 $\tau(1,1)$ 全部是非占优的。

如果大多数儿童有不完整家庭, 那么规划者会面临更少的不确定选择, 假定 $(x = a) = 0.1$, 而 $P(x = b) = 0.9$, 则第四种情况成立。在规则 $\tau(0,1)$ 与 $\tau(1,0)$ 条件下, 均值结果的界是

$$0.57 \leqslant M(0,1) \leqslant 0.77, 0.39 \leqslant M(1,0) \leqslant 0.59$$

这些界比那种一半儿童有非完整家庭时所获得界更窄些。$M(1,0)$ 的上界为 0.59, 这小于 $M(1,1)$ 的已知值, 即 0.67。因此, 规则 $\tau(1,0)$ 是被占优的。回顾规则 $\tau(0,0)$ 也是被占优的。因而, 尽管规划者确实不能观察到以协变量为条件的毕业概率, 不过他可以得出下面结论: 有不完整家庭的儿童的 90% 应该接收学前教育。处理选择方面的唯一不确定性是关心有完整家庭的儿童的 10%, 处理规则 $\tau(0,1)$ 与 $\tau(1,1)$ 都是非占优的。因而, 在缺乏其他信息条件下, 规划者不能确定完整家庭的儿童是否应该或不应该接受学前教育。

注　释

来源与历史评论

这一章内容扩展了曼斯基(1995,1997b)最初的专著及论文。补充 10A 取自于曼斯基(2000)的论文。

正文注释

1. 参看贝品塔(Berrueta – Clement, 1984)等人,还有霍尔登(Holden, 1990)。

2. 针对其他信息背景设置下的另外研究成果,已由曼斯基(1997b)与佩珀(2003)所研究给出。

3. 这已由弗雷谢(Frechét, 1951)证明:参看奥德(Ord, 1972)给出的解释,还有鲁申多夫(Ruschendorf, 1981)提出的深入分析。十分基础的是证明 $P[y(1) \in A \bigcap y(0) \in A]$ 一定位于界之内,由于事件$[y(1) \in A \bigcap y(0) \in A]$ 蕴含着它的组成元素事件$[y(1) \in A]$ 与$[y(0) \in A]$,所以上界存在。下界存在,这是因为

$$1 \geqslant P[y(1) \in A \bigcup y(0) \in A]$$

$$= P[y(1) \in A] + P[y(0) \in A] - P[y(1) \in A \bigcap y(0) \in A]$$

弗雷谢对利用其边缘分布的知识来推断联合分布问题的一般分析证明了界限(10.17)是准确的。

参考文献

Angrist, J., G. Imbens, and D. Rubin (1996), "Identification of Causal Effects Using Instrumental Variables," *Journal of the American Statistical Association*, 91, 444-455.

Arabmazar, A. and P. Schmidt (1982), "An Investigation of the Robustness of the Tobit Estimator to Non – Normality," *Econometrica*, 50, 1055-1063.

Ashenfelter, O. and A. Krueger (1994), "Estimates of the Economic Returns to Schooling from a New Sample of Twins," *American Economic Review*, 84, 1157-1173.

Balke, A. and J. Pearl (1997), "Bounds on Treatment Effects from Studies with Imperfect Compliance," *Journal of the American Statistical Association*, 92, 1171-1177.

Bedford, T. and I. Meilijson (1997), "A Characterization of Marginal Distributions of (Possibly Dependent) Lifetime Variables which Right Censor Each Other," *The Annals of Statistics*, 25, 1622-1645.

Berger, J. (1985), *Statistical Decision Theory and Bayesian Analysis*, New York: Springer – Verlag.

Berkson, J. (1958), "Smoking and Lung Cancer: Some Observations on Two Recent Reports," *Journal of the American Statistical Association*, 53, 28-38.

Berrueta-Clement, J. , L. Schweinhart, W. Barnett, A. Epstein, and D. Weikart (1984), *Changed Lives: The Effects of the Perry Preschool Program on Youths Through Age* 19, Ypsilanti, MI: High/Scope Press.

Brøndsted, A. (1983), *An Introduction to Convex Polytopes*, New York: Springer – Verlag.

Campbell, D. (1984), "Can We Be Scientific in Applied Social Science?," *Evaluation Studies Review Annual*, 9, 26-48.

Campbell, D. and R. Stanley (1963), *Experimental and Quasi – Experimental Designs for Research*, Chicago: Rand McNally.

Card, D. (1993), "Using Geographic Variation in College Proximity to Estimate the Return to Schooling," Working Paper 4483, Cambridge, MA: National Bureau of Economic Research.

Card, D. (1994), "Earnings, Schooling, and Ability Revisited," Working Paper 4832, Cambridge, MA: National Bureau of Economic Research.

Center for Human Resource Research (1992), *NLS Handbook* 1992. *The National Longitudinal Surveys of Labor Market Experience*, Columbus, OH: The Ohio State University.

Cochran, W. (1977), *Sampling Techniques*, Third Edition. New York: Wiley.

Cochran, W. , F. Mosteller, and J. Tukey (1954), *Statistical Problems of the Kinsey Report on Sexual Behavior in the Human Male*, Washington, DC: American Statistical Association.

Cornfield, J. (1951), "A Method of Estimating Comparative Rates from Clinical Data. Applications to Cancer of the Lung, Breast, and Cervix," *Journal of the National Cancer Institute*, 11, 1269-1275.

Crowder, M. (1991), "On the Identifiability Crisis in Competing Risks Analysis," *Scandinavian Journal of Statistics*, 18, 223-233.

Cross, P. and C. Manski (2002), "Regressions, Short and Long," *Econometrica*, 70, 357-368.

Duncan, O. and B. Davis (1953), "An Alternative to Ecological Correlation," *American Sociological Review*, 18, 665-666.

Ellsberg, D. (1961), "Risk, Ambiguity, and the Savage Axioms," *Quarterly Journal of Economics*, 75, 643-669.

Fitzgerald, J., P. Gottschalk, and R. Moffitt (1998), "An Analysis of Sample Attrition in Panel Data," *Journal of Human Resources*, 33, 251-299.

Fleiss, J. (1981), *Statistical Methods for Rates and Proportions*, New York: Wiley.

Frechét, M. (1951), "Sur Les Tableaux de Correlation Donte les Marges sont Donnees," *Annals de l' Universite de Lyon A*, Series 3, 14, 53 – 77.

Freedman, D., S. Klein, M. Ostland, and M. Roberts (1998), "Review of A Solution to the Ecological Inference Problem, by G. King," *Journal of the American Statistical Association*, 93, 1518-1522.

概率分布的部分识别

Freedman, D. , S. Klein, M. Ostland, and M. Roberts (1999), "Response to King's Comment,"94, 355-357.

Freis, E. D. , Materson, B. J. , and Flamenbaum, W. (1983), "Comparison of Propranolol or Hydrochlorothiazide Alone for Treatment of Hypertension, III: Evaluation of the Renin-Angiotensin System," *The American Journal of Medicine*, 74, 1029-1041.

Frisch, R. (1934), *Statistical Confluence Analysis by Means of Complete Regression Systems*, Oslo, Norway: University Institute for Economics.

Goldberger, A. (1972), "Structural Equation Methods in the Social Sciences," *Econometrica*, 40, 979-1001.

Goldberger, A. (1983), "Abnormal Selection Bias," in T. Amemiya and I. Olkin (eds.), *Studies in Econometrics*, *Time Series*, *and Multivariate Statistics*, Orlando: Academic Press.

Goldberger, A. (1984), "Reverse Regression and Salary Discrimination," *Journal of Human Resources*, 19, 293 – 318.

Goldberger, A. (1991), *A Course in Econometrics*, Cambridge, MA: Harvard University Press.

Goodman, L. (1953), "Ecological Regressions and Behavior of Individuals," *American Sociological Review*, 18, 663-664.

Gronau, R. (1974), "Wage Comparisons-a Selectivity Bias," *Journal of Political Economy*, 82, 1119-1143.

Hampel, F. , E. Ronchetti, P. Rousseeuw, and W. Stahel (1986), *Robust Statistics*, New York: Wiley.

Heckman, J. (1976), "The Common Structure of Statistical Models of Truncation, Sample Selection, and Limited Dependent Variables and a Simple Estimator for Such Models," *Annals of Economic and Social Measurement*, 5, 479-492.

Heckman, J. , J. Smith, and N. Clements (1997), "Making the Most out of Programme Evaluations and Social Experiments: Accounting for Heterogeneity in Programme Impacts," *Review of Economic Studies*, 64, 487-535.

Hirano, K. , G. Imbens, G. Ridder, and D. Rubin (2001), "Combining Panel Data Sets with Attrition and Refreshment Samples," *Econometrica*, 69, 1645-1659.

Holden, C. (1990), "Head Start Enters Adulthood," *Science*, 247, 1400-1402.

Hood, W. and T. Koopmans (eds.) (1953), *Studies in Econometric Method*, New York: Wiley.

Horowitz, J. and C. Manski (1995), "Identification and Robustness with Contaminated and Corrupted Data," *Econometrica*, 63, 281-302.

Horowitz, J. and C. Manski (1997), "What Can Be Learned About Population Parameters when the Data Are Contaminated?," in C. R. Rao and G. S. Maddala (eds.), *Handbook of Statistics*, Vol. 15: Robust Statistics, Amsterdam: North – Holland, pp. 439-466.

Horowitz, J. and C. Manski (1998), "Censoring of Outcomes and Regressors due to Survey Nonresponse: Identification and Estimation Using Weights and Imputations,"

Journal of Econometrics, 84, 37-58.

Horowitz, J. and C. Manski (2000), "Nonparametric Analysis of Randomized Experiments with Missing Covariate and Outcome Data," *Journal of the American Statistical Association*, 95, 77-84.

Horowitz, J. and C. Manski (2001), "Imprecise Identification from Incomplete Data," *Proceedings of the 2nd International Symposium on Imprecise Probabilities and Their Applications*, http://ippserv. rug. ac. be/ ~ isipta01/proceedings/index. html.

Hotz, J., C. Mullins, and S. Sanders (1997), "Bounding Causal Effects Using Data from a Contaminated Natural Experiment: Analyzing the Effects of Teenage Childbearing," *Review of Economic Studies*, 64, 575-603.

Hsieh, D., C. Manski, and D. McFadden (1985), "Estimation of Response Probabilities from Augmented Retrospective Observations," *Journal of the American Statistical Association*, 80, 651 –662.

Huber, P. (1964), "Robust Estimation of a Location Parameter," *Annals of Mathematical Statistics*, 35, 73-101.

Huber, P. (1981), *Robust Statistics*, New York: Wiley.

Hurd, M. (1979), "Estimation in Truncated Samples when There Is Hetero – ske-dasticity," *Journal of Econometrics*, 11, 247-258.

Imbens, G. and J. Angrist (1994), "Identification and Estimation of Local Average Treatment Effects," *Econometrica*, 62, 467-476.

Keynes, J. (1921), *A Treatise on Probability*, London: MacMillan.

King, G. (1997), *A Solution to the Ecological Inference Problem: Reconstructing Individual Behavior from Aggregate Data*, Princeton: Princeton University Press.

King, G. (1999), "The Future of Ecological Inference Research: A Comment on Freedman et al. ," *Journal of the American Statistical Association*, 94, 352-355.

King, G. and L. Zeng (2002), "Estimating Risk and Rate Levels, Ratios and Differences in Case – Control Studies," *Statistics in Medicine*, 21, 1409-1427.

Klepper, S. and E. Leamer (1984), "Consistent Sets of Estimates for Regressions with Errors in All Variables," *Econometrica*, 52, 163-183.

Knight, F. (1921), *Risk, Uncertainty, and Profit*, Boston: Houghton – Mifflin.

Koopmans, T. (1949), "Identification Problems in Economic Model Construction," *Econometrica*, 17, 125-144.

Lindley, D. and M. Novick (1981), "The Role of Exchangeability in Inference," *Annals of Statistics*, 9, 45-58.

Little, R. (1992), "Regression with Missing X's: A Review," *Journal of the American Statistical Association*, 87, 1227-1237.

Little, R. and D. Rubin (1987), *Statistical Analysis with Missing Data*, New York: Wiley.

Maddala, G. S. (1983), *Limited – Dependent and Qualitative Variables in Econometrics*,

概率分布的部分识别

Cambridge, UK: Cambridge University Press.

Manski, C. (1988), *Analog Estimation Methods in Econometrics*, London: Chapman & Hall.

Manski, C. (1989), "Anatomy of the Selection Problem," *Journal of Human Resources*, 24, 343-360.

Manski, C. (1990), "Nonparametric Bounds on Treatment Effects," *American Economic Review Papers and Proceedings*, 80, 319-323.

Manski, C. (1994), "The Selection Problem," in C. Sims (ed.), *Advances in Econometrics*, *Sixth World Congress*, *Cambridge*, UK: Cambridge University Press, pp. 143-170.

Manski, C. (1995), *Identification Problems in the Social Sciences*, Cambridge, MA: Harvard University Press.

Manski, C. (1997a), "Monotone Treatment Response," *Econometrica*, 65, 1311-1334.

Manski, C. (1997b), "The Mixing Problem in Programme Evaluation," *Review of Economic Studies*, 64, 537-553.

Manski, C. (2000), "Identification Problems and Decisions Under Ambiguity: Empirical Analysis of Treatment Response and Normative Analysis of Treatment Choice," *Journal of Econometrics*, 95, 415-442.

Manski, C. (2001), "Nonparametric Identification Under Response – Based Sampling," in C. Hsiao, K. Morimune, and J. Powell (eds.), *Nonlinear Statistical Inference: Essays in Honor of Takeshi Amemiya*, New York: Cambridge University Press.

Manski, C. (2002), "Treatment Choice Under Ambiguity Induced by Inferential Problems," *Journal of Statistical Planning and Inference*, 105, 67-82.

Manski, C. (2003), "Social Learning from Private Experiences: The Dynamics of the Selection Problem," *Review of Economic Studies*, forthcoming.

Manski, C. and S. Lerman (1977), "The Estimation of Choice Probabilities from Choice – Based Samples," *Econometrica*, 45, 1977 – 1988.

Manski, C. and D. Nagin (1998), "Bounding Disagreements About Treatment Effects: A Case Study of Sentencing and Recidivism," *Sociological Methodology*, 28, 99-137.

Manski, C. and J. Pepper (2000), "Monotone Instrumental Variables: With an Application to the Returns to Schooling," *Econometrica*, 68, 997-1010.

Manski, C. and E. Tamer (2002), "Inference on Regressions with Interval Data on a Regressor or Outcome," *Econometrica*, 70, 519-546.

Materson, B., D. Reda, and W. Cushman (1995), "Department of Veterans Affairs Single – Drug Therapy of Hypertension Study: Revised Figures and New Data," *American Journal of Hypertension*, 8, 189-192.

Materson, B., D. Reda, W. Cushman, B. Massie, E. Freis, M. Kochar, R. Hamburger, C. Fye, R. Lakshman, J. Gottdiener, E. Ramirez, and W. Henderson (1993), "Single – Drug Therapy for Hypertension in Men: A Comparison of Six

概率分布的部分识别

Antihypertensive Agents with Placebo," *The New England Journal of Medicine*, 328, 914-921.

Molinari, F. (2002), "Missing Treatments," Evanston, IL: Department of Economics, Northwestern University.

Ord, J. (1972), *Families of Frequency Distributions*, Griffin's Statistical Monographs & Courses No. 30, New York: Hafner.

Pepper, J. (2003), "Using Experiments to Evaluate Performance Standards: What Do Welfare – to – Work Demonstrations Reveal to Welfare Reformers?" *Journal of Human Resources*, forthcoming.

Peterson, A. (1976), "Bounds for a Joint Distribution Function with Fixed Subdistribution Functions: Application to Competing Risks," *Proceedings of the National Academy of Sciences U. S. A.*, 73, 11-13.

Reiersol, O. (1945), "Confluence Analysis by Means of Instrumental Sets of Variables," *Arkiv fur Matematik, Astronomi Och Fysik*, 32A, No. 4, 1-119.

Robins, J. (1989), "The Analysis of Randomized and Non – Randomized AIDS Treatment Trials Using a New Approach to Causal Inference in Longitudinal Studies," in L. Sechrest, H. Freeman, and A. Mulley. (eds.), *Health Service Research Methodology: A Focus on AIDS*, Washington, DC: NCHSR, U. S. Public Health Service.

Robins, J., A. Rotnitzky, and L. Zhao (1994), "Estimation of Regression Coefficients when Some Regressors Are Not Always Observed," *Journal of the American Statistical Association*, 89, 846-866.

Robinson, W. (1950), "Ecological Correlation and the Behavior of Individuals," *American Sociological Review*, 15, 351-357.

Rosenbaum, P. (1995), *Observational Studies*, New York: Springer – Verlag.

Rosenbaum, P. (1999), "Choice as an Alternative to Control in Observational Studies," *Statistical Science*, 14, 259-304.

Rubin, D. (1976), "Inference and Missing Data," *Biometrika*, 63, 581-590.

Ruschendorf, L. (1981), "Sharpness of Frechet – Bounds," *Zeitschrift fur Wahrscheinlichkeitstheorie und Verwandte Gebiete*, 57, 293-302.

Savage, L. (1954), *The Foundations of Statistics*, New York: Wiley.

Scharfstein, D., A. Rotnitzky, and J. Robins (1999), "Adjusting for Nonignorable Drop – Out Using Semiparametric Nonresponse Models," *Journal of the American Statistical Association*, 94, 1096-1120.

Simpson E. (1951), "The Interpretation of Interaction in Contingency Tables," *Journal of the Royal Statistical Society B*, 13, 238-241.

Stafford, F. (1985), "Income – Maintenance Policy and Work Effort: Learning from Experiments and Labor – Market Studies," in J. Hausman and D. Wise (eds.), *Social Experimentation*, Chicago: University of Chicago Press.

U. S. Bureau of the Census (1991), "Money Income of Households, Families, and Persons in the United States: 1988 and 1989," in *Current Population Reports*, Series P – 60, No. 172. Washington, DC: U. S. Government Printing Office.

概率分布的部分识别

Wald, A. (1950), *Statistical Decision Functions*, New York: Wiley.

Wang, C., S. Wang, L. Zhao, and S. Ou (1997), "Weighted Semiparametric Estimation in Regression Analysis with Missing Covariate Data," *Journal of the American Statistical Association*, 92, 512-525.

Wright, S. (1928), Appendix B to Wright, P. *The Tariff on Animal and Vegetable Oils*, New York: McMillan.

Zaffalon, M. (2002), "Exact Credal Treatment of Missing Data," *Journal of Statistical Planning and Inference*, 105, 105-122.

Zidek, J. (1984), "Maximal Simpson – Disaggregations of 2×2 Tables," *Biometrika*, 71, 187-190.

◎ 译 后 记

计量经济学的创立

经济学是一门建模科学。2000 年诺贝尔奖获得者詹姆斯·赫克曼（James Heckman,1944 - ）曾讲过,就像犹太人是"书之人"一样,经济学家是"模型之人"。实际上,自 20 世纪初期以来,经济学中有关数学模型的运用日渐增多,特别是计量经济学诞生之后,计量经济模型成为经济科学中的十分重要的认识工具和分析方法。回顾各个学科发展史可以发现,经济学家注重模型和运用模型并不孤单,自 20 世纪中期以来,模型已成为各种科学中占据统治地位的认识工具。

经济学中运用模型方法或者具体说应用数学方法的历史,可以追溯到三百多年前的英国古典政治经济学的创始人威廉·配第（William Petty,1623—1687,英国古典政治经济学的创始人,统计学家）的《政治算术》（1676 年）。尤其是,进入 20 世纪 20 年代至 20 世纪 30 年代,以建立并估算将市场和经济系统融合起来的数学模型作为主要工具,构建和检验理论的工具——计量经济学（又称经济计量学）诞生,这个方法就是对变量进行测度,利用数学方程式和计量方法对经济模型参数加以估计,进而揭示经济规律。

计量经济学家拉格纳·弗里希（Ragnar Frisch,1895—1973）在《计量经济学》的创刊词中说道:

> "用数学方法探讨经济学可以从好几个方面着手,但任何一方面都不能与计量经济学混为一谈。计量经济学与经济统计学决非一码事;它也不同于我们所说的一般经济理论,尽管经济理论大部分都具有一

定的数量特征；计量经济学也不应视为数学应用于经济学的同义语。
经验表明，统计学、经济理论和数学这三者对于真正了解现代经济生
活中的数量关系来说，都是必要的，但各自并非是充分条件。而三者
结合起来，就有力量，这种结合便构成了货币计量。"

弗里希创造出计量经济学术语，是经济计量学"三合一"定义的开山之祖，
这里"三合一"是指把经济理论、数理方法和统计学应用于实际经济问题的分
析，弗里希的研究领域包括消费者的公理化研究、动态宏观经济学、时间序列分
解以及认识论等，还论述了这些领域之间的关系，并强调量化和测量的问题。
正是由于他的积极推动创建了当今作为经济实证方法主流的计量经济学，他因
此获得1969年度诺贝尔经济学奖。

同一年，另一位计量经济学家简·丁伯根（Jan Tinbergen，1903—1994）和
弗里希一起获得1969年度诺贝尔经济学奖。诺贝尔经济学奖委员会提出的获
奖理由是：他们发展了动态模型来分析经济进程。前者是经济计量学的奠基
人，后者是经济计量学模式建造者之父。

弗里希认为，"对计量经济学的量化尝试主要包括两个方面，二者同等重
要。一方面是显而易见的，即以经济关系中定量理论的定义作为出发点，提出
一种尽可能符合逻辑的核定量定义的抽象方法。另一方面，即数据统计方面，
这里所用的是经验数据，我们试图将实际的经验数据融合到抽象的定量关系中
去。"

针对计量经济学中的定量规律和关键的条件之间的关系，他认为"计量经
济学在制定相应的定量规律之前，关键性的条件必须要得到满足。这种必要条
件不是指心理因素的存在，而是指这些经验现象必须要表现出一定的规律
性"。可以发现，弗里希对计量经济学的量化刻画、定量规律及关键性的条件
有着十分清楚的阐述。

经济计量学除了具有"三合一"特性外，另一个重要的特性是运用经济观
察数据，即数据来源是观测到的实际经济现象的数据。正如萨缪尔森、库普曼
斯和斯通（1954）给出的经济计量学定义中所解释的那样"计量经济学可定义
为基于当前发展的理论和观测，借助于适当的推断方法对实际经济现象进行定

量分析。"

计量经济学家阿里斯·斯帕诺斯(Aris Spanos,1986)直接地考察了计量经济学和观测数据的关系,他认为:计量经济学是利用观测数据对经济现象进行系统研究。

从本质上看,计量经济学的主要目标是为分析研究经济数据、建立模型以及评估替代理论提供方法和方法论。

计量经济学分析的目的是试图探索可观测经济数据的数学表示,我们称之为模型或假设(受限制的模型)。假设应该具有如下两个基本特征:(1)它必须对观测的预期行为加以限制,同时提供信息。非限制性假设什么都没有说,因此,也没有告诉我们任何东西:它在经验上是空洞的,没有经验内容。一个模型越是受到限制,则信息量越大,也就越有趣。(2)它必须与可用数据兼容,在理想情况下,我们希望它是真实的。

经济系统或经济模型通常有两大类,一类是确定性模型,另一类是概率模型,也称为随机模型。确定性模型不包括随机性元素。当每次给定相同初始条件时,运行模型都会得到同样的结果,这种模型的特点具有可预测性。在确定性模型中,函数关系即模型参数是确定的。

概率模型一定包含随机性元素。每次运行具有相同初始条件的模型时,都可能得到不同的结果。这种模型的特点具有随机性。对于概率模型来说,存在一些不确定的关系或参数。概率模型可能既有一些确定性函数关系,也可能有随机性的函数关系,或者所有关系都可能是随机的。如果这些模型是以规范模型形式构建的,则由模型所导出的解就会提供最佳的预期结果,例如对最大值或最小值的预期结果而言,求出目标函数的最优值。

识别问题

当今,计量经济学作为实证经济学中最为重要的方法,在经济学的各个分支得到了广泛的应用。从某种意义上讲,实证经济学的问题就是推断经济隐性机制的性质和特性的问题。计量经济学家是以破译者方式来构建经济的某些特性模拟模型。这时,经济理论可以被作为这种机制的一套模型模板,而计量经济学家的问题则是寻找一个好的模板,并将其塑造成可以经由观察数据和预先存在的信念所施加的各种限制。

特里夫·哈维尔莫(Trygve Haavelemo,1911—1999,挪威经济学家,弗里希的学生,重要贡献是建立了现代经济计量学的基础性指导原则)在《计量经济学的概率论方法》(1944 年)中认为:在计量经济学中,对于经济研究中的问题利用更严谨的、概率式的形式来表述,我们有两个理由,其一,倘若我们应用统计推断来检验经济理论假说,这意味着我们可以将经济理论表述成代表某些十分广义的统计假说的形式,即表述成关于某种概率分布的陈述。那些认为我们只能采用统计推断而不能采用上述这层推论的观点不过是阐述事理时缺乏严密性的结果。其二,如上所述,采用概率论方法无损于广义性。

在计量经济学领域,经济理论通常是指由刻画若干经济变量之间关系的方程组(普通方程组或函数方程)所构成的模型。

识别问题是在估算经济模型之前必须解决的演绎逻辑问题。为了认清识别问题是先于估算经济模型的,考察下面的例子。

在需求和供给模型,均衡点属于两条曲线,可通过这样的点来绘制许多推测曲线。我们需要关于斜率、截距和误差项的先验信息,为的是从推测的需求和供给曲线中确定实际情况。这种先验信息将给出一组结构方程。如果方程是线性的,同时误差项服从零均值和常数方差的正态分布,则得到用于估计的模型。

一个典型的识别过程也许是考察如下的电价如何影响电力需求的例子,尽管例子简单,但是能说明识别的重要性。假设我们研究电价如何影响电力需求,通常,一种合理分析方法是借助于供需模型来考察

$$Q_E^D = a + bP_E + cT \text{(需求方程)}$$

$$Q_E^S = d + eP_E + fP_C \text{(供给方程)}$$

$$Q_E = Q_E^D = Q_E^S \text{(均衡)}$$

在这个模型中,Q_E 表示电量,Q_E^D 表示电力需求,Q_E^S 表示电力供应,P_E 表示电力价格,P_C 表示煤炭价格,T 表示温度。图 1 给出了用图示法刻画的模型,这里有个问题是显而易见的:如果我们仅仅知道数据(Q_E,P_E,P_C 及 T),那么只考虑供给和需求曲线交叉的单一观察结果,我们无法了解想要认识什么内容,即电的价格如何影响对电力的需求。如果发生 T 是常值的,P_C 是可变的,同时还存在一些其他假设,那么供给曲线(如图中用虚线所示)的变化将追踪需求曲线,这时能识别系数 a 与 b 的值。如果 T 与 P_C 都是可变的,那么将能够

识别所有的系数。

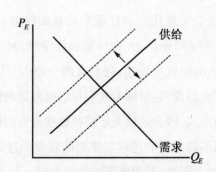

图 1　弹性的供给与需求模型

但是,我们怎样做出模型的其他假设呢? 例如 T 与 P_C 之间的变化是彼此独立的,基本关系被很好地建模为线性的,T 不出现在供给方程中,而 P_C 不出现在需求方程中,方程没有其他移位,等等,这些知识都是不在可观察的数据当中。我们如何知道它呢? 经济学家对这个问题的标准答案,至少可以追溯到哈维尔莫所开创性的《计量经济学的概率论方法》(1944 年),它是基于经济理论的先验知识。可是,我们是如何获得这些知识的? 事实上,这个问题几乎从来没有得到解决。

对于上述例子,固定需求曲线,同时移动供给曲线,在许多点上将需求曲线切割以便求出需求曲线。借助于误差项的零均值假设,一半观测值预计较高,而另一半观测值预计则较低。利用同样方法,可以确定供给曲线。这种方法起源于弗里希(1938)和哈维尔莫(1944),后来佳林·库普曼斯(Tjalling C. Koopmans,1910—1985,主要贡献在现代计量经济学的创立,以及将线性规划应用于经济分析这两个方面,他是线性规划经济分析的创立者)发展了识别线性模型的阶条件与秩条件(1949)。

本质上,先验知识的概念依赖于大量的研究工作,计量经济学家或经济方法论研究者从来没有考虑过,自称为经济理论的知识作为这种知识的来源相当于在黑暗中吹口哨。纯粹的经济理论产生了非常脆弱的结论,例如,有理由认为,需求曲线向下倾斜($b<0$),但它肯定没有告诉我们,需求取决于温度(T),而不取决于煤炭价格(P_C)或任何其他因素。

有时,我们被告知这不是理论,而是主观知识(专家知识)为我们的先验知识提供了基础。这也许更接近真相,但同样未被计量经济学家所分析。要回答关于需求性质的问题,我们需要有一个具有已知属性的模型,可以很好地映射到世界的属性。有没有一种系统的方法来获取这些知识？计量经济学中使用的统计方法会有所帮助吗？如果计量经济学,仅限于对假定事先已知的结构的参数进行统计估计的问题,如许多教科书所述,则答案必定是否定的。

就计量经济模型而言,统计推断是利用观测数据来推断经济行为参数,这分两步进行:第一步是从观测数据推断假设的观测数据的联合分布参数;第二步是从联合分布推断描述经济行为的结构方程的参数。而推断的第二步就是"识别问题"术语所描述的推断问题。

美国经济学家富兰克林·费希尔(Franklin M Fisher,1934——   )的著作《计量经济学中的识别问题》是这个领域的第一本主要教科书(1966),经济学家查尔斯·曼斯基将其扩展到社会科学(1995)。

识别含义

"识别(identification)"在不同学科领域中,比如统计学、控制论、生物医学工程、心理学、系统科学、计量经济学等都出现过。最初"识别"概念起源于统计学,后来在计量经济学、控制论领域等学科中得到了快速发展。不过,在控制论中的识别(identification)一般称为辨识。

即使在经济计量学文献中,也存在各种不同的识别概念,诸如有点识别、过度识别、参数识别、局部识别、因果识别、贝叶斯识别、全局识别、集识别,等等。这里仅考察最基本的识别概念,也就是模型的参数识别,尤其是点识别。

库普曼斯(1949)是首先将"识别"术语引入计量经济学中,并给出其含义的:

> "在我们的讨论中,我们运用了"参数可以由充分多的观测值来
> 确定"的词组。现在我们将更准确地定义这个概念,并给它起个名
> 称——参数的识别性(identifiability),而不是采用和之前一样由"充分
> 多的观测值"推理。我们将我们的讨论建立在观测值的概率分布的
> 假设知识基础上,正如下面更全面的定义那样。很明显,这个概率分
> 布的准确知识并不可能从任何有限多个观测值来获得。这样的知识
> 可以被人们有限地认知,但却无法经由扩大观测值数量来达到全面认
> 识。虽然如此,统计推断问题是由有限样本的变异性而产生的,而识

别问题则是我们探索推断的局限性而引起,借助于对这样知识的完整可利用性加以假定,我们获得了这两类问题之间一个清晰的分离,对于后者,甚至源自无限多个观测值的推断仍受到人们质疑。"

有许多经济学家参与探索和研究经济学中的识别问题,第一个提出这个问题的是沃金(Working,1925,1927),还有 Wright(1915,1928)。弗里希(Frisch,1934),马夏克(Marschak,1942),哈维尔莫(Haavelmo,1944),赫维兹(Hurwicz,1950),库普曼斯和雷厄索尔(Koopmans and Reiersøl,1950),库普曼斯、鲁宾和莱普尼克(Koopmans,Rubin and Leipnik,1950),沃德尔(Wald,1950),等等。

库普曼斯和雷厄索尔在关于可识别性和识别问题的经典文章(1950,第169 – 170页)中指出:

> "人们可以将识别性问题看成设定问题的必要组成部分。……识别问题不是严格意义上的统计推断问题,因为识别性的研究是从观察变量的概率分布的假设准确知识,而不是从有限观测样本。然而……研究可识别性是为了探究统计推断的局限性。"

库普曼斯(1950)给出了在线性参数约束下线性联立方程组的基本识别标准,这些标准是众所周知的秩条件,后来由费希尔扩展到非线性系统,这些系统在参数上仍然是线性的。费希尔(1966)和罗滕伯格(Rothenberg,1971)提出了在一般非线性模型中整理研究识别的重要步骤,他们的观点是将识别问题简单地视为非线性方程组解的唯一性问题。

费希尔(1976)探索并提供了对联立方程系统中识别理论的广泛研究。许多研究者对于这个问题的发展进行了概括研究,如萧政(Hsiao,1983),Prakasa Rao(1992),Bekker 和 Wansbeek(2001),曼斯基(Manski,2003)和 Matzkin(2007)等。

在计量经济学的时间序列文献中,例如 Box,Jenkins(1976)和 Kalman(1982),他们认识识别的含义是"模型与证据相匹配"。

关于识别的严谨定义,新巴尔格雷夫经济学词典中是这样给出的:在计量经济学中,通常假定那些构成经济理论的经济变量的设计目的被解释成具有随机变量的特征。设 y 是这样观测值的集合,结构 S 是 y 的概率分布函数的完整设定,所有先验的可能结构集合 T 称为模型。在绝大多数应用中,假设 y 由参数概率分布函数 $F(y,\theta)$ 生成,其中假定概率分布函数 F 是已知的,但 $q\times1$ 参数向量 θ 是未知的。因此,结构是由参数点 θ 来描述,而模型是由点集 $A\subseteq R_q$。

定义 1 两个结构 $S^0 = F(y,\theta^0)$ 与 $S^* = F(y,\theta^*)$ 称为是观测等价的,如果对于(几乎)所有可能的 y,有 $F(y,\theta^0) = F(y,\theta^*)$。如果 A 不包含观察等价的两个不同结构,则模型是可识别的。如果所有观测等价结构对于 $g(\theta)$ 具有相同的值,则作为 θ 的函数 $g(\theta)$ 是可识别的。

有时,比较弱的可识别概念是非常有用的。

定义 2 如果存在 θ^0 的开邻域 W,使得 W 中没有其他 θ 与观测等价于 θ^0,那么称具有参数值 θ^0 的结构是局部可识别的。

在经济分析中,尤其是实证经济分析,通常假设存在一个隐性机制的经济结构,它生成了现实世界数据的观察值。但是,统计推断可能只与观察变量的分布特征有关。用于解释观察数据行为的统计模型经常涉及参数与统计推断,目标是对这些参数做出陈述。为此,重要的是根据数据分布来刻画关注参数的各种不同值,否则,关于这个参数的推断问题则会因为受到根本不确定性所困扰,进而被看成"不适合",也就是不可识别的。

对识别进行研究是为了探索运用经济数据时统计推断的局限性,或者指定需要什么样的先验信息来使模型参数可估计,这是伴随结构存在的根本问题。从逻辑上看,它先于估计或假设检验的所有问题。在研究识别过程中出现的重要观点是,如果没有经济理论施加先验约束,估计经济关系几乎是不可能的。

更一般地说,识别失败或者接近识别失败的情况出现,都会导致模型的统计分析十分复杂化,所以考察检测识别失败,并做出某些限制来避免发生这些失败,是计量经济学建模的重要问题。是否有可能从观察变量的概率分布推断出潜在的理论结构就是计量经济学文献对识别的关注问题。

识别的通俗解释

关于识别问题,除了上述经济模型求解参数的定义外,还有经济现象的通俗解释。在人们每一天的生活中,大家都会遇到识别问题。比如,当你观察到某个人及其在镜子中的影像几乎是同时运动的,这个时候可能会问一个问题:是镜子影像导致某个人的运动呢,还是影像反映出某个人的运动呢?或者某个人和影像响应外部刺激而一起运动呢？如果仅利用实证观测值并不能回答这个问题，即使你能观测到无数多的某个人及其影像一起运动的例子，也不能运用逻辑方式推导出怎样运作的过程。为了获得问题的解决，人们需要了解认识某种光学知识和人类行为的方式。从本质上看，这是一个映像问题。

如同统计推断问题一样，映像问题起源于想要试图解释下面的共同观察：当考察社会上人们群体的行为特性时，属于同一组个体会倾向于表现得十分相似。为了理解这个现象，研究者提出三个不同的假设：

◆内生效应（endogenous effects）：处于同一组个体表现行为的习性是以某种方式随着所在组的流行行为而变化。

◆情境效应（contextual effects）：处于同一组个体会倾向以某种方式随着组的背景特征分布而变化。

◆相关效应（correlated effects）：处于同一组个体会倾向于相似的行为表现，这是因为个体面临着类似的环境，而且具有相似的个体特征。

组内的相似表现行为可能源于内生效应，例如，组成员为遵守组的惯例而承受着压力，或者组的相似性可能会反映出相关效应，比如有相同特征的人会选择彼此有关联的行为。如果研究者针对组中的个体表现行为进行实证观测，甚至拥有无数个这样的观测值，但本质上仍然不能区分这两个假设。为了解决此种问题，就需要将实证证据与关于个体行为及社会交互作用方面的充分强的假设相结合。

为什么研究者要探究观测到的行为模式是由内生效应产生的，还是由相关效应产生的，或者由某种其他方式产生的呢？一个好的实践理由是，对于公共政策来说，不同的产生机制过程具有不同的含义。例如，认识理解学校班级中的学生是如何相互作用的，就要考察并执行从能力跟踪到班级规模大小标准，再到种族融合计划，这对评估教育政策的方方面面来说是至关重要的。

假如人们不能解释所观测的行为模式，那么询问和请教特定领域的专家就是可行而明智的途径，比如寻求社会科学领域的专家建议，其中一位认为：迫于遵守组惯例的压力而导致了组内个体倾向于相似的行为。第二位认为：个体的行为倾向取决于组的人口组成因素。第三位认为：具有相似特征的人会选择彼此有关联的行为。这三种观点都可能与实证证据相吻合，仅有数据并不能揭示哪一种观点是正确的，或许三者都对，这就是识别问题。

计量经济学家能做的十分有用的研究工作就是,在给定假设和数据的实证相关组合时,澄清什么结论可以从逻辑形式上推导出来,什么结论不可以从逻辑形式上推导出来,这个专题的内容正是部分识别分析所要探究的。

从点识别到部分识别

在计量经济学术语中,标准的识别概念称为点识别,进一步地取决于上下文也可称为全局识别或频率识别。当人们简单地说参数或函数可识别的,通常意味着它是点识别的。早期的识别定义是由库普曼斯和雷厄索尔(1950)、赫维兹(1950)、费希尔(1966)和罗滕伯格(1971)研究给出的,这些包括结构和观察等价的相关概念。

识别是计量经济学的核心概念。识别与模型属性有关,是一个"预观察"的概念,概括地讲,是否可以从模型的可观察内生变量的分布(以外生变量为条件)知识来"揭示"关注参数的特定之值。换句话说,计量经济识别实际上意味着:模型参数是否可从观测的数据总体中唯一确定的。识别分析的目标是确定通过将模型(假设集合)和数据组合利用演绎推理能够学到什么。通常用于应用研究的计量经济模型的标准方法是做出足够多的假设,以确保关注参数是点识别的。

允许部分识别或部分识别模型的计量经济学模型可以做出更少的假设,并将它们用于生成关注参数的界。部分识别方法的特点是,它可以用来评估给定应用中各种不同假设集合的信息内容,并权衡(1)通过施加更多的假设来增加精度;(2)随着假设变得更加严格,因此缺乏可信性,从而减少结果的可信度。

关于识别和推断的方法,在最近20多年得到了快速发展和改进,当前许多经济学文献已经使用了部分识别来解决特定的计量经济学问题,否则将需要严格的假设。尽管可以用部分识别来放松获得点识别所需的假设,但某些假设仍然起着核心作用。事实上,在不需要做出足够多的,可能无根据的假设来实现点识别条件下,部分识别分析的目标是探索由各种不同假设集合所推导出的估计。存在两种特定的假设类型,一种是关于行为人的响应或效用函数的泛函形式,另一种是以观察变量为条件的未观测变量的分布。泛函形式假设的范围可以从非参数平滑或形状约束到参数约束,这些形式可能是直接来自经济理论的动机,例如施加向下倾斜的需求,它们也可以提供某种程度的方便性,还有数学或计算方面的易处理性。

当前,利用部分识别分析进行实证研究的文献越来越多,这充分反映出计量经济学的理论探索疆域从点识别扩展到部分识别,部分识别分析正在成为当今计量经济学领域中一个新的增长高地。

从提出引进这本书的选题到翻译完成,特别感谢哈尔滨工业大学出版社的刘培杰副社长,他十分支持我们的选题。这本书是从具有学术研究专著性质的博士生讲义演变而来,是作者两次讲课的成果。我曾参加了中国人民大学2012 年 7 月 2 日至 13 日举办的第二届全国高校青年骨干教师微观计量经济学高级研修班,在研修班上聆听了查尔斯·曼斯基的专题《预测和决策的部分识别》。随后,我就和哈尔滨工业大学出版社谈论是否可以引进和翻译这一领域的经典专著之事,由于刘社长具有广泛的学术视野和独特的前瞻性思维,不久便确定了此事。一方面因译者教学等事,有点拖延了翻译工作,另一方面鉴于《概率分布的部分识别》中的许多专业术语,已有的计量经济学或数理统计学领域的英汉词典中都未曾收录,翻译时采用直译和意译相结合的方法,例如"identification region"译成"识别域"、"sharp bound"译成"准确界"、"missing outcomes"译成"结果数据缺失"等,一些术语的中文译法需要推敲斟酌,数次改动,因此,本书的出版周期较长。

在研究和翻译本书过程中,曾得到了计量经济学领域许多教授和专家的帮助与支持,比如美国西北大学查尔斯·曼斯基教授、美国范德比尔特大学李彤(Tong Li)教授、美国波特兰州立大学林光平(Kuan - pin Lin)教授等,译者感谢他们的帮助,同时感谢吉林大学商学院数量经济研究所的陈守东教授、孙巍教授,还有张世伟教授曾经给予的帮助。此外,特别感谢吉林大学商学院赵振全教授,赵老师是我的博士后合作导师,他的教诲和支持使我的学识终身受益。同时,还要感谢译书时曾得到其他老师和同学的帮助,比如哈尔滨工业大学经济与管理学院的李一军教授、惠晓峰教授、吴冲教授、梁恒老师、王天元同学等。虽然译者尽心尽力刻苦钻研,难免存在纰漏及错误,请专家和读者指正。另外,原书中的个别错误,译者和作者逐一核对并改正。译者的联系方式是:wangzhy @ hit. edu. cn

王忠玉

2018 年 4 月 29 日

本书是一本从国外引进版权的世界统计学名著,其学术价值在作者及译者所写的前言和后记中都有介绍。统计学既阳春白雪又下里巴人,我们普通人在生活中经常与统计学打交道,比如2018年"世界杯"期间,中国球迷常自嘲,自己的国家有13亿人,却找不到11个会踢足球的人。但从统计学上看,一个国家的人口和一个国家的足球队之强弱根本没有任何相关性。

世界上人口最多的三个国家是中国、印度和美国,这三个国家都没有能踢进本届俄罗斯世界杯。而亚洲作为世界上人口最多的洲,只有5支球队参赛。

本书的引进源于几年前笔者的一次校园偶遇。在哈工大步行街上笔者遇到笔者的同学,亦即本书的译者王忠玉老师,王老师原来是学纯数学出身,后转行搞统计学与金融学,曾以一部《模糊数据统计学》获国家图书大奖,闲谈中他提到本书作者刚被提名当年的诺贝尔经济学奖,这个信息引起了笔者极大的兴趣,因为国人不可抵制的诺奖情结,使得凡是诺奖得主的作品无一例外都会受到读者狂热的追捧,进而图书获得大卖。于是,回来后笔者便授意版权经理买来了国外的版权,又与王老师签订了翻译书稿的合同,紧锣密鼓,一切安排就绪后,诺奖结果终于公布了,不幸的是宝押错了! 一下子节奏便慢了下来,加之王老师对译稿精益求精,如琢如磨,一晃就又是两年过去了。世事难料,在历经了几十年罕见的高温后,一年一度的 2018 年高考悄悄过去,忽然间人们发现,原来统计学在中学就是个大热点,不仅高考语文作文中的阅读素材有之,连百年不遇的数学"错题事件"也出自统计领域.

先来介绍一下今年的作文素材。2018 年新课标二卷的高考作文是这样:

> 第二次世界大战期间,为了加强对战机的防护,英美军方调查了作战后幸存飞机上的弹痕分布,决定哪里弹痕多就加强哪里,然而统计学家瓦尔德排众议,指出更应该注意弹痕少的部位,因为这些部位受到重创的战机,很难有机会返航,而这部分数据被忽略了。事实证明,瓦尔德是正确的。
>
> 要求:综合材料内容及含意,选好角度,确定立意,明确文体,自拟标题,不要套作,不得抄袭,不少于 800 字。

对此,微信公众号:超级数学建模发布了如下文章:

> 同很多的第二次世界大战故事一样,这个故事讲述的也是纳粹将一名犹太人赶出欧洲,最后又为这一行为追悔莫及。
>
> 1902 年,亚伯拉罕·瓦尔德出生于当时的克劳森堡,隶属奥匈帝国。瓦尔德十几岁时,正赶上第一次世界大战爆发,随后,他的家乡更名为克鲁日,隶属罗马尼亚,瓦尔德的祖父是一位拉比,父亲是一位面包师,信奉犹太教。
>
> 瓦尔德是一位天生的数学家,凭借出众的数学天赋,被维也纳大学录取。上大学期间,他对集合论与度量空间产生了深厚的兴趣。即使在理论数学中,集合论与度量空间也算得上是极为抽象晦涩难懂的两门课。
>
> 但是,在瓦尔德于 20 世纪 30 年代中叶完成学业时,奥地利的经济正处于一个非常困难的时期,因此,外国人根本没有机会在维也纳的大学中任教。不过,奥期卡·摩根斯特恩(Okar Morgenstern)给了瓦尔德一份工作,帮他摆脱了困境。摩根斯特恩后来移民美国,并与人合作创立了博弈论。1933 年时,摩根斯特恩还是奥地利经济研究院的院长。他聘请瓦尔德做与数学相关的一些零活儿,所付的薪水比较微薄。然而,这份工作却为瓦尔德带来了转机,几个月之后,他得到

概率分布的部分识别

了在哥伦比亚大学担任统计学教授的机会。于是,他再一次收拾行装,搬到了纽约。

从此以后,他被卷入了战争。

在第二次世界大战的大部分时间里,瓦尔德都在哥伦比亚大学的统计研究小组(SRG)中工作。统计研究小组是一个秘密计划的产物,它的任务是组织美国的统计学家为第二次世界大战服务。这个秘密计划与曼哈顿计划(Manhattan Project)有点儿相似,不过所研发的武器不是炸药而是各种方程式。事实上,统计研究小组的工作地点就在曼哈顿晨边高地西 118 街 401 号,距离哥伦比亚大学仅一个街区。

如今,这栋建筑是哥伦比亚大学的教工公寓,另外还有一些医生在大楼中办公,但在 1943 年,它是第二次世界大战时期高速运行的数学中枢神经。在哥伦比亚大学应用数学小组的办公室里,很多年轻的女士正低着头,利用"马前特"桌面计算器计算最有利于战斗机瞄准并锁定敌机的飞行曲线公式。在另一间办公室里,来自普林斯顿大学的几名研究人员正在研究战略轰炸规程,与其一墙之隔的就是哥伦比亚大学统计研究小组的办公室。

但是,在所有小组中,统计研究小组的权限最大,影响力也最大。他们一方面像一个学术部门一样,从事高强度的开放式智力活动,另一方面他们都清楚自己从事的工作具有极高的风险性。统计研究小组组长艾伦沃利斯(W. Allen Wallis)回忆说"我们提出建议后,其他部门通常就会采取某些行动。战斗机飞行员会根据杰克·沃尔福威茨(Jack Wolfowitz)的建议为机枪混装弹药,然后投入战斗。他们有可能胜利返回,也有可能再也回不来。海军按照亚伯·基尔希克(Abe Girshick)的抽样检验计划,为飞机携带的火箭填装燃料。这些火箭爆炸后有可能会摧毁我们的飞机,把我们的飞行员杀死,也有可能命中敌机,干掉敌人。"

数学人才的调用取决于任务的重要程度。用沃利斯的话说,"在组建统计研究小组时,不仅考虑了人数,还考虑了成员的水平,所选调的统计人员都是最杰出的。"在这些成员中,有弗雷德里克·莫斯特勒(Frederick Mosteller),他后来为哈佛大学组建了统计系;还有伦纳德·萨维奇(Leonard Jimmie Savage),他是决策理论的先驱和贝叶斯定理的杰出倡导者。麻省理工学院的数学家、控制论的创始人诺伯特·

维纳(Norbert Wiener)也经常参加小组活动。在这个小组中,米尔顿·弗里德曼(Milton Friedman)这位后来的诺贝尔经济学奖得主只能算第四聪明的人。

小组中天赋最高的当属亚伯拉罕·瓦尔德。瓦尔德是艾伦·沃利斯在哥伦比亚大学就读时的老师,在小组中是数学权威。但是在当时,瓦尔德还是一名"敌国侨民",因此他被禁止阅读他自己完成的机密报告。统计研究小组流传着一个笑话:瓦尔德在用便笺簿写报告时,每写一页,秘书就会把那页纸从他手上拿走。从某些方面看,瓦尔德并不适合呆在这个小组里,他的研究兴趣一直偏重于抽象理论,与实际应用相去甚远。但是,他干劲儿十足,渴望在坐标轴上表现自己的聪明才智。在你有了一个模糊不清的概念,想要把它变成明确无误的数学语言时,你肯定希望可以得到瓦尔德的帮助。

于是,问题来了,我们不希望自己的飞机被敌人的战斗机击落,因此我们要为飞机披上装甲。但是,装甲会增加飞机的重量,这样,飞机的机动性就会减弱,还会消耗更多的燃油。防御过度并不可取,但是防御不足又会带来问题。在这两个极端之间,有一个最优方案,军方把一群数学家聚拢在纽约市的一个公寓中,就是想找出这个最优方案。

军方为统计研究小组提供了一些可能用得上的数据。美军飞机在欧洲上空与敌机交火后返回基地时,飞机上会留有弹孔。但是,这些弹孔分布得并不均匀,机身上的弹孔比引擎上的多。

飞机部位	每平方英尺的平均弹孔数
引擎	1.11
机身	1.73
油料系统	1.55
其余部位	1.80

关于萨维奇,这里有必要告诉大家他的一些逸事。萨维奇的视力极差,只能用一只眼睛的余光看东西。他曾经耗费了6个月的时间来证明北极探险中的一个问题,其间仅以肉糜饼为食。

军官们认为,如果把装甲集中装在飞机最需要防护、受攻击概率最高的部位,那么即使减少装甲总量,对飞机的防护作用也不会减弱。

概率分布的部分识别

因此,他们认为这样的做法可以提高防御效率。但是,这些部位到底需要增加多少装甲呢?他们找到瓦尔德,希望得到这个问题的答案。但是,瓦尔德给出的回答并不是他们预期的答案。

瓦尔德说,需要加装装甲的地方不应该是留有弹孔的部位,而应该是没有弹孔的地方,也就是飞机的引擎。

瓦尔德的独到见解可以概括为一个问题:飞机各部位受到损坏的概率应该是均等的,但是引擎罩上的弹孔却比其余部位少,那些失踪的弹孔在哪儿呢?瓦尔德深信,这些弹孔应该都在那些未能返航的飞机上。胜利返航的飞机引擎上的弹孔比较少,其原因是引擎被击中的飞机未能返航。

大量飞机在机身被打得千疮百孔的情况下仍能返回基地,这个事实充分说明机身可以经受住打击(因此无须加装装甲)。

如果去医院的病房看看,就会发现腿部受创的病人比胸部中弹的病人多,其原因不在于胸部中弹的人少,而是胸部中弹后难以存活。

数学上经常假设某些变量的值为 0,这个方法可以清楚地解释我们讨论的这个问题。在这个问题中,相关的变量就是飞机在引擎被击中后不会坠落的概率。假设这个概率为零,表明只要引擎被击中一次,飞机就会坠落。那么,我们会得到什么样的数据呢?

我们会发现,在胜利返航的飞机中,机翼、机身与机头都留有弹孔,但是引擎上却一个弹孔也找不到。对于这个现象,军方有可能得出两种分析结果:要么德军的子弹打中了飞机的各个部位,却没有打到引擎;要么引擎就是飞机的死穴。这两种分析都可以解释这些数据,而第二种更有道理。因此,需要加装装甲的是没有弹孔的那些部位。

美军将瓦尔德的建议迅速付诸实施,我无法准确地说出这条建议到底挽救了多少架美军战机,但是数据统计小组在军方的继任者们精于数据统计,一定很清楚这方面的情况。美国国防部一直认为,打赢战争不能仅靠更勇敢、更自由和受到上帝更多的青睐。如果被击落的飞机比对方少 5%,消耗的油料低 5%,步兵的给养多 5%,而所付出的成本仅为对方的 95%,往往就会成为胜利方。这个理念不是战争题材的电影要表现的主题,而是战争的真实写照,其中的每一个环节都要用到数学知识。

瓦尔德拥有的空战知识、对空战的理解都远不及美军军官,但他却能看到军官们无法看到的问题,这是为什么呢?根本原因是瓦尔德在数学研究过程中养成的思维习惯。从事数学研究的人经常会询问:"你的假设是什么?这些假设合理吗?"这样的问题令人厌烦,但有时却富有成效。

在这个例子中,军官们在不经意间做出了一个假设:返航飞机是所有飞机的随机样本。如果这个假设真的成立,我们仅依据幸存飞机上的弹孔分布情况就可以得出结论。

但是,一旦认识到自己做出了这样的假设,我们立刻就会知道这个假设根本不成立,因为我们没有理由认为,无论飞机的哪个部位被击中,幸存的可能性是一样的。用数学语言来说,飞机幸存的概率与弹孔的位置具有相关性。

瓦尔德的另一个长处在于他对抽象问题研究的钟爱。曾经在哥伦比亚大学师从瓦尔德的沃尔福威茨说,瓦尔德最喜欢钻研的"都是那些极为抽象的问题","对于数学他总是津津乐道,但却对数学的推广及特殊应用不感兴趣"。

的确,瓦尔德的性格决定了他不大可能关注应用方面的问题。在他的眼中,飞机与枪炮的具体细节都是花里胡哨的表象,不值得过分关注。

他所关心的是,透过这些表象看清搭建这些实体的一个个数学原理与概念。这种方法有时会导致我们对问题的重要特征视而不见,却有助于我们透过纷繁复杂的表象,看到所有问题共有的基本框架。

因此,即使在你几乎一无所知的领域,它也会给你带来极有价值的体验。

对于数学家而言,导致弹孔问题的是一种叫作"幸存者偏差"(survivorship bias)的现象。

这种现象几乎在所有的环境条件下都存在,一旦我们像瓦尔德那样熟悉它,在我们的眼中它就无所遁形。

以共同基金为例。在判断基金的收益率时,我们都会小心谨慎,唯恐有一丝一毫的错误。年均增长率发生1%的变化,甚至就可以决定该基金到底是有价值的金融资产还是疲软产品。晨星公司大盘混合型基金的投资对象是可以大致决定标准普尔500指数走势的大公司,似乎都是有价值的金融资产。这类基金 1995～2004 年增长了 178.4%,年均增长率为 10.8%,这是一个令人满意的增长速度。

如果手头有钱,投资这类基金的前景似乎不错,不是吗? 事实并非如此。博学资本管理公司于 2006 年完成的一项研究,对上述数字进行了更加冷静、客观的分析。

我们回过头来,看看晨星公司是如何得到这些数字的。2004 年,他们把所有的基金都归为大盘混合型,然后分析过去 10 年间这些基金的增长情况。

但是,当时还不存在的基金并没有被统计进去。共同基金不会一直存在,有的会蓬勃发展,有的则走向消亡。总体来说,消亡的都是不赚钱的基金。

因此,根据 10 年后仍然存在的共同基金判断 10 年间共同基金的价值,这样的做法就如同通过计算成功返航飞机上的弹孔数来判断飞行员躲避攻击操作的有效性,都是不合理的。

如果我们在每架飞机上找到的弹孔数都不超过一个,这意味着什么呢?

这并不表明美军飞行员都是躲避敌军攻击的高手,而说明飞机中弹两次就会着火坠落。博学资本的研究表明,如果在计算收益率时把那些已经消亡的基金包含在内,总收益率就会降到 134.5%,年均收益率就是非常一般的 8.9%。

《金融评论》(Review of Finance) 于 2011 年针对近 5 000 只基金进行的一项综合性研究表明,与将已经消亡的基金包括在内的所有基金相比,仍然存在的 2 641 只基金的收益率要高出 20%。幸存者效应的影响力可能令投资者大为吃惊,但是亚伯拉罕·瓦尔德对此已经习以为常了。

再来谈谈"错题事件"。笔者所敬仰的中国科学技术大学统计与金融系的苏淳教授在其微信朋友圈中发了一篇题为《统计遭遇数学的尴尬》的短文。

2018 年高校招生全国统一考试理科数学试卷 I 的第 20 题是一道关于产品检验的题目。题目开宗明义,面对的是大批量的产品,产品成箱包装,每箱 200 件,每箱先抽检 20 件,根据检验结果决定是否对余下的所有产品作检验,命题者怕在这里引起误会,不可谓不仔细地斟酌了词句,特别强调了要决定的是"是否对余下的所有产品作检验",说明这里的选项只有两个,要么对余下的所有产品都作检验(全检),要么就都不检验(全不检),不存在部分检验的问题,正是在这种思路的指导之下,诞生了对于第(2)小题(ii)的官方解答。

站在统计学的角度来看,这种解答是没有问题的,因为它考虑的是实际需求,要检验的是大批量的产品,不仅仅是一箱,而是许多许多箱,所以只需对"全检"与"全不检"的费用作一比较,以决定是否需要全检。

问题尴尬的是,它是出在"数学试卷"中的题目,而且它自身又带有明显的"数学特点",这就让人难以弄清它到底是要考"统计",还是要考"数学"了。

题目中的第(1)小题要求学生用极大似然估计估计出产品的不合格率,没有出现"极大似然估计"这个统计学上的名词,完全用的是数学语言,求函数的极大值点,学生理所当然地把它作为数学题来做,求导数,求导函数的零点,观察导函数的符号,确认 $p_0 = 0.1$ 就是函数 $f(p)$ 的最大值点。

问题出在第(2)小题,题目说,"对一箱产品检验了20件,结果恰有2件不合格品,以(1)中的 p_0 作为 p 的值。"p 是什么? 题目在大前提中说到,"每件产品为不合格品的概率都是 p",意即 p 就是不合格率,幸亏学生没有学习更多的统计知识,也没有更多时间去思考,否则他们会问:既然"检验了20件,发现了2件不合格",那么为啥不可以直接用频数 $\frac{2}{20} = 0.1$ 去估计不合格率 p,而要绕一个圈子去求什么 $f(p)$ 的最大值点? 你这分明不就是要考我们数学吗?

其实不然,命题者想考的还是统计,只是碍于学生统计知识不足,无法把问题讲清楚,因为严格来说,统计不是数学,它是一门处理数据的艺术,出于不同的需求,可以对同一批数据作不同的处理。举例来说,对不合格率的估计,既可以采用频数估计(又叫作矩估计),也可以采用极大似然估计,各有各的优缺点,适用于不同的场合,满足不同的需求。可巧的是,在本题的场合下,无论抽检的20件产品中所发现的不合格品的件数 k 是多少,两种估计的结果都是相同的,都是 $\frac{k}{20}$,既然命题者不愿意让学生采用频数估计,而一定要用极大似然估计,那么在这里只有一种理解,那就还是要考数学,要考核学生通过求导求函数最值和最值点的能力。

既然这里是考数学,那么一以贯之,通题就应当都按数学问题处理,至少别人按数学问题做了,不能算错,例如,有人这样解答第(2)小题(ⅱ):

设对剩下的180件产品再抽检 r 件($0 \leqslant r \leqslant 180$),将此时的检验费用与赔偿费用的和记作 Y,则有

$$E(Y) = 2r + 25(180 - r) \cdot \frac{1}{10} = 450 - \frac{r}{2}$$

在 $r = 180$ 时,$E(Y)$ 达到最小. 所以应对剩下的产品"全检"。

这种求最小值的处理方式与第(1)小题的精神一致,都是用数学中的最值作为问题的解答,既然(ⅰ)中可用最值点作为不合格率的估计,那么(ⅱ)中也可以按最值的标准取舍检验方案。

更何况,这里还涉及到逻辑中的如何否定"全称命题"的问题,无论怎么说,对"全检"的否定是"不全检",包括"部分检"与"全不检"。正如不少中学教师指出的,这是中学数学教学中反复强调的,而且也是作为高考所要考核的内容的,不能在同一张卷子中体现不同的要求。

事实上,第(2)小题(ⅱ)的官方解答中所采用的取舍标准只有具备产品检验经验的人才知道,因为只有面对在大批量产品时,才会只在"全检"与"全不检"之间进行选择。

在我国的本科专业分类中已经把统计学独立出来,作为与数学并列的一级学科,就是因为"统计不是数学",数学的一个基本特征是:"一个问题只有一个答案",统计学则不然,对同一个问题,可以有不同的答案,例如前面说到的,对同一个参数,可以用频数估计,也可以用极大似然估计,它们往往会有所不同。在当前大数据时髦的今天,面对同样的数据,得出不同结论的情况就更为常见。

中学里既然把统计放到数学中来学,那就有一个如何教、如何学、如何考核的问题,尤其是在出高考题时,更需要考虑周全。前些年我在参与出安徽高考数学卷时,一直把握一条原则,就是大题尽量考概率,因为概率是数学,一是一,二是二,不会遭遇尴尬。统计则不然,需

要谨慎而又谨慎。

（感谢苏教授授权同意转载）

其实人不是神都会犯错，但勇于承认，及时改正即可，最不能容忍的就是"死不承认"。在《生活周刊》微信公众号中有一位读者留言写道：人生有三个很绝望的时刻：1. 发现父母是很平庸的；2. 发现自己是很平庸的；3. 发现自己的孩子是很平庸的。承认并接受这三点需要勇气，很多人倒在第三个时刻……

如果说以上三个时刻难于承认与接受是基于人性的弱点，但在"错题事件"出来后，有关部门拒不认错和各路"伪专家"站出来狡辩则是出于权力的傲慢与科学精神的缺失，在公认的以精确严谨著称的数学领域居然还有如此含混不清的题目出现，是十分令人担忧的。

就数学学科本身而言统计学究竟是不是数学并没有共识。如果说数学分支之间存在鄙视链的话，那么排在最末端的一定是统计学，即便是血缘关系与之最近的概率学家对其也多有不屑之辞，如号称华人概率论第一人的美籍华裔概率学家钟开莱教授就有许多公开言论对统计学有种种的不屑，许多近代数学史家对许宝騄先生在中国数学家中的重要地位被低估表示异议，笔者窃以为除了其英年早逝（1970 年 12 月 1 日逝世，终年 60 岁）外，其所从事的领域也是一个重要原因，我们看一下其简介：

许宝騄，中国人。1910 年 9 月 1 日生于北京市（祖籍浙江省杭州市）。1928 年至 1930 年在燕京大学化学系学习；1930 年转入清华大学，改学数学专业，获该校理学士学位，毕业后任北京大学数学系助教两年。1936 年他作为公费生到伦敦大学当研究生，同时在剑桥大学听课，第三年开始还兼任伦敦大学的讲师。1938 年获哲学博士学位，1940 年又获科学博士学位。同年，他回祖国，受聘为北京大学教授，同时在西南联大兼课。1945 年他应邀先后到美国加利福尼亚大学伯克利分校、哥伦比亚大学、北卡曼林纳大学任访问教授。1947 年 10 月回到北京，再次到北京大学任教授。许宝騄生前是北京大学的一级教授、中国科学院数理学部委员。

许宝騄在数学上的贡献主要在概率统计方面。

在统计学方面，许宝騄主要的研究领域是关于一元及多元线性模型的推断以及有关的精确和渐近分布理论。1938 年他发表在《统计研究报告》上的题为《两个样本基值和"学生"t 检验的理论》的论文，文中对势函数的精确分析，成为数学严密性的一个范本。同年在同刊上他又发表了一篇题为《方差的最优平方估计》的论文,处理了高斯－马尔科夫模型中方差 σ^2 的最优估计问题,找到了通常无偏估计 s^2 在这一类估计中具有一致最小方差的充分必要条件。这篇论文是关于方差分量和方差的最佳二次估计的奠基性工作,他发表的一系列的论文中,讨论了一元和多元假设的检验问题,特别是关于这些假设似然率比检验的第一个优良性质,提供了获得所有相似检验的新方法。

许宝騄在多元分析方面的成就也是十分出色的。他推进了矩阵论在统计理论中的应用,同时证明了关于矩阵的一些新的定理。多元分析中导出的一个最基本的分布是关于某一个行列式的根的分布。在这方面许宝騄使用高超的数学技巧,得到了一系列优秀研究成果。

许宝騄在概率论方面也作出了重要贡献。1945 年他在《数理统计年鉴》上发表了一篇题为《均值的渐近分布和独立变量的样本方差》的长篇论文。文中得到了将相应的样本均值代之以样本方差的结果,并用特征函数来近似随机变量的分布。他还发表了一系列论文,得到了许多重要结果,推动了这个领域的发展。

许宝騄共发表论文 39 篇,科学出版社 1981 年出版了《许宝騄文集》;北京大学出版社 1986 年还出版了他的专著《抽样》。

许宝騄是一位数学教育家。仅在北京大学他就培养了 8 届概率统计专门化的学生,亲自指导了 5 届学生的讨论班和毕业论文。他先后领导、主办过极限定理、马尔科夫过程、多元分析、实验设计、次序统计量、过程统计、组合数学等专题讨论班。在 30 多年的时间内他培养了一批国内外著名的概率统计学家。

其实统计学家中人才济济,连著名作家王小波生前还是中国人民大学教统计的呢,统计学对我们未来的生活和工作越来越重要,特别是人工智能时代的来临,更是如此。比如外界对富士康的印象是:执行和重复是工人的常态,工作的技术含量不高。工业互联网时代的到来,郭台铭却做了一件有趣的事情:他得知美国给高中生列了一本必读书目叫《工人智能》,翻译这本书后,买了 2 万本买到出版社要加印,这些书被发到富士康员工的手上,从公司的秘书到生产线的仓库管理员,都要学习什么是"人工智能"。

据中科院谭铁牛院士在第十九次中科院院士大会上发表的《人工智能:天使还是魔鬼》的主题报告中指出:统计学习成为人工智能走向实用的理论基础。

统计方法还是一个重要的研究方法,比如在关于天才的讨论中,先天与后天的争论从来没有停止过。先天论者认为,才华由基因决定,是不可变的。后天论者则认为才华受文化影响,可以经教育与训练而提高。

前者以从英国科学家弗朗西斯·高尔顿为始作俑者。高尔顿是达尔文的表兄弟,博学多才,后人估计他的智商接近200。他开创了统计分析、问卷调查、复合肖像、法医指纹等新方式,也是世界上最早的一批气象学家之一。此外,"先天与后天"的词组也是他发明的。

1869年,他出版了《遗传的天才》。在这本书中,他以统计学的方法,对英国400多名杰出发明家、领袖、运动员等人群的家族进行了深入研究,最后得出结论:天才是基因遗传的,也就是"天生的"。由此,他也开创了以统计学方法测量人类精神特质的先河。

虽然他承认激情、毅力的重要性,但完全无视环境的影响。他认为,无论环境如何,天才自会脱颖而出。牛顿就算生在沙漠,也仍然会做出牛顿的成就。在他之后的一个世纪,人们对他的说法深信不疑。

虽然本书作者至今还没获诺奖,但其著作值得收藏,正如纽约市投资家卡特·伯登(Carter Burden)在1987年曾说:"一个人不会嫌自己太瘦,不会嫌钱多,也不会嫌书多。"

刘培杰

2018年7月12日

于哈工大

刘培杰数学工作室
已出版(即将出版)图书目录——高等数学

书　　名	出版时间	定　价	编号
距离几何分析导引	2015—02	68.00	446
大学几何学	2017—01	78.00	688
关于曲面的一般研究	2016—11	48.00	690
近世纯粹几何学初论	2017—01	58.00	711
拓扑学与几何学基础讲义	2017—04	58.00	756
物理学中的几何方法	2017—06	88.00	767
几何学简史	2017—08	28.00	833
复变函数引论	2013—10	68.00	269
伸缩变换与抛物旋转	2015—01	38.00	449
无穷分析引论(上)	2013—04	88.00	247
无穷分析引论(下)	2013—04	98.00	245
数学分析	2014—04	28.00	338
数学分析中的一个新方法及其应用	2013—01	38.00	231
数学分析例选：通过范例学技巧	2013—01	88.00	243
高等代数例选：通过范例学技巧	2015—06	88.00	475
三角级数论(上册)(陈建功)	2013—01	38.00	232
三角级数论(下册)(陈建功)	2013—01	48.00	233
三角级数论(哈代)	2013—06	48.00	254
三角级数	2015—07	28.00	263
超越数	2011—03	18.00	109
三角和方法	2011—03	18.00	112
随机过程(Ⅰ)	2014—01	78.00	224
随机过程(Ⅱ)	2014—01	68.00	235
算术探索	2011—12	158.00	148
组合数学	2012—04	28.00	178
组合数学浅谈	2012—03	28.00	159
丢番图方程引论	2012—03	48.00	172
拉普拉斯变换及其应用	2015—02	38.00	447
高等代数.上	2016—01	38.00	548
高等代数.下	2016—01	38.00	549
高等代数教程	2016—01	58.00	579
数学解析教程.上卷.1	2016—01	58.00	546
数学解析教程.上卷.2	2016—01	38.00	553
数学解析教程.下卷.1	2017—04	48.00	781
数学解析教程.下卷.2	2017—06	48.00	782
函数构造论.上	2016—01	38.00	554
函数构造论.中	2017—06	48.00	555
函数构造论.下	2016—09	48.00	680
概周期函数	2016—01	48.00	572
变叙的项的极限分布律	2016—01	18.00	573
整函数	2012—08	18.00	161
近代拓扑学研究	2013—04	38.00	239
多项式和无理数	2008—01	68.00	22

刘培杰数学工作室

已出版(即将出版)图书目录——高等数学

书　名	出版时间	定　价	编号
模糊数据统计学	2008—03	48.00	31
模糊分析学与特殊泛函空间	2013—01	68.00	241
常微分方程	2016—01	58.00	586
平稳随机函数导论	2016—03	48.00	587
量子力学原理·上	2016—01	38.00	588
图与矩阵	2014—08	40.00	644
钢丝绳原理：第二版	2017—01	78.00	745
代数拓扑和微分拓扑简史	2017—06	68.00	791
受控理论与解析不等式	2012—05	78.00	165
不等式的分拆降维降幂方法与可读证明	2016—01	68.00	591
实变函数论	2012—06	78.00	181
复变函数论	2015—08	38.00	504
非光滑优化及其变分分析	2014—01	48.00	230
疏散的马尔科夫链	2014—01	58.00	266
马尔科夫过程论基础	2015—01	28.00	433
初等微分拓扑学	2012—07	18.00	182
方程式论	2011—03	38.00	105
Galois 理论	2011—03	18.00	107
古典数学难题与伽罗瓦理论	2012—11	58.00	223
伽罗华与群论	2014—01	28.00	290
代数方程的根式解及伽罗瓦理论	2011—03	28.00	108
代数方程的根式解及伽罗瓦理论(第二版)	2015—01	28.00	423
线性偏微分方程讲义	2011—03	18.00	110
几类微分方程数值方法的研究	2015—05	38.00	485
N 体问题的周期解	2011—03	28.00	111
代数方程式论	2011—05	18.00	121
线性代数与几何：英文	2016—06	58.00	578
动力系统的不变量与函数方程	2011—07	48.00	137
基于短语评价的翻译知识获取	2012—02	48.00	168
应用随机过程	2012—04	48.00	187
概率论导引	2012—04	18.00	179
矩阵论(上)	2013—06	58.00	250
矩阵论(下)	2013—06	48.00	251
对称锥互补问题的内点法：理论分析与算法实现	2014—08	68.00	368
抽象代数：方法导引	2013—06	38.00	257
集论	2016—01	48.00	576
多项式理论研究综述	2016—01	38.00	577
函数论	2014—11	78.00	395
反问题的计算方法及应用	2011—11	28.00	147
数阵及其应用	2012—02	28.00	164
绝对值方程—折边与组合图形的解析研究	2012—07	48.00	186
代数函数论(上)	2015—07	38.00	494
代数函数论(下)	2015—07	38.00	495

刘培杰数学工作室

已出版（即将出版）图书目录——高等数学

书　名	出版时间	定　价	编号
偏微分方程论:法文	2015—10	48.00	533
时标动力学方程的指数型二分性与周期解	2016—04	48.00	606
重刚体绕不动点运动方程的积分法	2016—05	68.00	608
水轮机水力稳定性	2016—05	48.00	620
Lévy 噪音驱动的传染病模型的动力学行为	2016—05	48.00	667
铣加工动力学系统稳定性研究的数学方法	2016—11	28.00	710
时滞系统:Lyapunov 泛函和矩阵	2017—05	68.00	784
粒子图像测速仪实用指南:第二版	2017—08	78.00	790
数域的上同调	2017—08	98.00	799
图的正交因子分解(英文)	2018—01	38.00	881
吴振奎高等数学解题真经(概率统计卷)	2012—01	38.00	149
吴振奎高等数学解题真经(微积分卷)	2012—01	68.00	150
吴振奎高等数学解题真经(线性代数卷)	2012—01	58.00	151
高等数学解题全攻略(上卷)	2013—06	58.00	252
高等数学解题全攻略(下卷)	2013—06	58.00	253
高等数学复习纲要	2014—01	18.00	384
超越吉米多维奇.数列的极限	2009—11	48.00	58
超越普里瓦洛夫.留数卷	2015—01	28.00	437
超越普里瓦洛夫.无穷乘积与它对解析函数的应用卷	2015—05	28.00	477
超越普里瓦洛夫.积分卷	2015—06	18.00	481
超越普里瓦洛夫.基础知识卷	2015—06	28.00	482
超越普里瓦洛夫.数项级数卷	2015—07	38.00	489
超越普里瓦洛夫.微分、解析函数、导数卷	2018—01	48.00	852
统计学专业英语	2007—03	28.00	16
统计学专业英语(第二版)	2012—07	48.00	176
统计学专业英语(第三版)	2015—04	68.00	465
代换分析:英文	2015—07	38.00	499
历届美国大学生数学竞赛试题集.第一卷(1938—1949)	2015—01	28.00	397
历届美国大学生数学竞赛试题集.第二卷(1950—1959)	2015—01	28.00	398
历届美国大学生数学竞赛试题集.第三卷(1960—1969)	2015—01	28.00	399
历届美国大学生数学竞赛试题集.第四卷(1970—1979)	2015—01	18.00	400
历届美国大学生数学竞赛试题集.第五卷(1980—1989)	2015—01	28.00	401
历届美国大学生数学竞赛试题集.第六卷(1990—1999)	2015—01	28.00	402
历届美国大学生数学竞赛试题集.第七卷(2000—2009)	2015—08	18.00	403
历届美国大学生数学竞赛试题集.第八卷(2010—2012)	2015—01	18.00	404
超越普特南试题:大学数学竞赛中的方法与技巧	2017—04	98.00	758
历届国际大学生数学竞赛试题集(1994—2010)	2012—01	28.00	143
全国大学生数学夏令营数学竞赛试题及解答	2007—03	28.00	15
全国大学生数学竞赛辅导教程	2012—07	28.00	189
全国大学生数学竞赛复习全书(第2版)	2017—05	58.00	787

刘培杰数学工作室
已出版（即将出版）图书目录——高等数学

书　　名	出版时间	定　价	编号
历届美国大学生数学竞赛试题集	2009—03	88.00	43
前苏联大学生数学奥林匹克竞赛题解（上编）	2012—04	28.00	169
前苏联大学生数学奥林匹克竞赛题解（下编）	2012—04	38.00	170
大学生数学竞赛讲义	2014—09	28.00	371
普林斯顿大学数学竞赛	2016—06	38.00	669
初等数论难题集（第一卷）	2009—05	68.00	44
初等数论难题集（第二卷）（上、下）	2011—02	128.00	82,83
数论概貌	2011—03	18.00	93
代数数论（第二版）	2013—08	58.00	94
代数多项式	2014—06	38.00	289
初等数论的知识与问题	2011—02	28.00	95
超越数论基础	2011—03	28.00	96
数论初等教程	2011—03	28.00	97
数论基础	2011—03	18.00	98
数论基础与维诺格拉多夫	2014—03	18.00	292
解析数论基础	2012—08	28.00	216
解析数论基础（第二版）	2014—01	48.00	287
解析数论问题集（第二版）（原版引进）	2014—05	88.00	343
解析数论问题集（第二版）（中译本）	2016—04	88.00	607
解析数论基础（潘承洞，潘承彪著）	2016—07	98.00	673
解析数论导引	2016—07	58.00	674
数论入门	2011—03	38.00	99
代数数论入门	2015—03	38.00	448
数论开篇	2012—07	28.00	194
解析数论引论	2011—03	48.00	100
Barban Davenport Halberstam 均值和	2009—01	40.00	33
基础数论	2011—03	28.00	101
初等数论 100 例	2011—05	18.00	122
初等数论经典例题	2012—07	18.00	204
最新世界各国数学奥林匹克中的初等数论试题（上、下）	2012—01	138.00	144,145
初等数论（Ⅰ）	2012—01	18.00	156
初等数论（Ⅱ）	2012—01	18.00	157
初等数论（Ⅲ）	2012—01	28.00	158
平面几何与数论中未解决的新老问题	2013—01	68.00	229
代数数论简史	2014—11	28.00	408
代数数论	2015—09	88.00	532
代数、数论及分析习题集	2016—11	98.00	695
数论导引提要及习题解答	2016—01	48.00	559
素数定理的初等证明. 第 2 版	2016—09	48.00	686
数论中的模函数与狄利克雷级数（第二版）	2017—11	78.00	837
数论:数学导引	2018—01	68.00	849
域论	2018—04	68.00	884
代数数论（冯克勤 编著）	2018—04	68.00	885

刘培杰数学工作室
已出版(即将出版)图书目录——高等数学

书　名	出版时间	定　价	编号
新编640个世界著名数学智力趣题	2014—01	88.00	242
500个最新世界著名数学智力趣题	2008—06	48.00	3
400个最新世界著名数学最值问题	2008—09	48.00	36
500个世界著名数学征解问题	2009—06	48.00	52
400个中国最佳初等数学征解老问题	2010—01	48.00	60
500个俄罗斯数学经典老题	2011—01	28.00	81
1000个国外中学物理好题	2012—04	48.00	174
300个日本高考数学题	2012—05	38.00	142
700个早期日本高考数学试题	2017—02	88.00	752
500个前苏联早期高考数学试题及解答	2012—05	28.00	185
546个早期俄罗斯大学生数学竞赛题	2014—03	38.00	285
548个来自美苏的数学好问题	2014—11	28.00	396
20所苏联著名大学早期入学试题	2015—02	18.00	452
161道德国工科大学生必做的微分方程习题	2015—05	28.00	469
500个德国工科大学生必做的高数习题	2015—06	28.00	478
360个数学竞赛问题	2016—08	58.00	677
德国讲义日本考题.微积分卷	2015—04	48.00	456
德国讲义日本考题.微分方程卷	2015—04	38.00	457
二十世纪中叶中、英、美、日、法、俄高考数学试题精选	2017—06	38.00	783

博弈论精粹	2008—03	58.00	30
博弈论精粹.第二版(精装)	2015—01	88.00	461
数学 我爱你	2008—01	28.00	20
精神的圣徒　别样的人生——60位中国数学家成长的历程	2008—09	48.00	39
数学史概论	2009—06	78.00	50
数学史概论(精装)	2013—03	158.00	272
数学史选讲	2016—01	48.00	544
斐波那契数列	2010—02	28.00	65
数学拼盘和斐波那契魔方	2010—07	38.00	72
斐波那契数列欣赏	2011—01	28.00	160
数学的创造	2011—02	48.00	85
数学美与创造力	2016—01	48.00	595
数海拾贝	2016—01	48.00	590
数学中的美	2011—02	38.00	84
数论中的美学	2014—12	38.00	351
数学王者　科学巨人——高斯	2015—01	28.00	428
振兴祖国数学的圆梦之旅:中国初等数学研究史话	2015—06	98.00	490
二十世纪中国数学史料研究	2015—10	48.00	536
数字谜、数阵图与棋盘覆盖	2016—01	58.00	298
时间的形状	2016—01	38.00	556
数学发现的艺术:数学探索中的合情推理	2016—07	58.00	671
活跃在数学中的参数	2016—07	48.00	675

刘培杰数学工作室
已出版（即将出版）图书目录——高等数学

书　名	出版时间	定　价	编号
格点和面积	2012—07	18.00	191
射影几何趣谈	2012—04	28.00	175
斯潘纳尔引理——从一道加拿大数学奥林匹克试题谈起	2014—01	28.00	228
李普希兹条件——从几道近年高考数学试题谈起	2012—10	18.00	221
拉格朗日中值定理——从一道北京高考试题的解法谈起	2015—10	18.00	197
闵科夫斯基定理——从一道清华大学自主招生试题谈起	2014—01	28.00	198
哈尔测度——从一道冬令营试题的背景谈起	2012—08	28.00	202
切比雪夫逼近问题——从一道中国台北数学奥林匹克试题谈起	2013—04	38.00	238
伯恩斯坦多项式与贝齐尔曲面——从一道全国高中数学联赛试题谈起	2013—03	38.00	236
卡塔兰猜想——从一道普特南竞赛试题谈起	2013—06	18.00	256
麦卡锡函数和阿克曼函数——从一道前南斯拉夫数学奥林匹克试题谈起	2012—08	18.00	201
贝蒂定理与拉姆贝克莫斯尔定理——从一个拣石子游戏谈起	2012—08	18.00	217
皮亚诺曲线和豪斯道夫分球定理——从无限集谈起	2012—08	18.00	211
平面凸图形与凸多面体	2012—10	28.00	218
斯坦因豪斯问题——从一道二十五省市自治区中学数学竞赛试题谈起	2012—07	18.00	196
纽结理论中的亚历山大多项式与琼斯多项式——从一道北京市高一数学竞赛试题谈起	2012—07	28.00	195
原则与策略——从波利亚"解题表"谈起	2013—04	38.00	244
转化与化归——从三大尺规作图不能问题谈起	2012—08	28.00	214
代数几何中的贝祖定理（第一版）——从一道IMO试题的解法谈起	2013—08	18.00	193
成功连贯理论与约当块理论——从一道比利时数学竞赛试题谈起	2012—04	18.00	180
素数判定与大数分解	2014—08	18.00	199
置换多项式及其应用	2012—10	18.00	220
椭圆函数与模函数——从一道美国加州大学洛杉矶分校（UCLA）博士资格考题谈起	2012—10	28.00	219
差分方程的拉格朗日方法——从一道2011年全国高考理科试题的解法谈起	2012—08	28.00	200
力学在几何中的一些应用	2013—01	38.00	240
高斯散度定理、斯托克斯定理和平面格林定理——从一道国际大学生数学竞赛试题谈起	即将出版		
康托洛维奇不等式——从一道全国高中联赛试题谈起	2013—03	28.00	337
西格尔引理——从一道第18届IMO试题的解法谈起	即将出版		
罗斯定理——从一道前苏联数学竞赛试题谈起	即将出版		
拉克斯定理和阿廷定理——从一道IMO试题的解法谈起	2014—01	58.00	246
毕卡大定理——从一道美国大学数学竞赛试题谈起	2014—07	18.00	350
贝齐尔曲线——从一道全国高中联赛试题谈起	即将出版		
拉格朗日乘子定理——从一道2005年全国高中联赛试题的高等数学解法谈起	2015—05	28.00	480
雅可比定理——从一道日本数学奥林匹克试题谈起	2013—04	48.00	249
李天岩—约克定理——从一道波兰数学竞赛试题谈起	2014—06	28.00	349
整系数多项式因式分解的一般方法——从克朗耐克算法谈起	即将出版		

刘培杰数学工作室
已出版(即将出版)图书目录——高等数学

书　名	出版时间	定　价	编号
布劳维不动点定理——从一道前苏联数学奥林匹克试题谈起	2014—01	38.00	273
伯恩赛德定理——从一道英国数学奥林匹克试题谈起	即将出版		
布查特－莫斯特定理——从一道上海市初中竞赛试题谈起	即将出版		
数论中的同余数问题——从一道普特南竞赛试题谈起	即将出版		
范·德蒙行列式——从一道美国数学奥林匹克试题谈起	即将出版		
中国剩余定理:总数法构建中国历史年表	2015—01	28.00	430
牛顿程序与方程求根——从一道全国高考试题解法谈起	即将出版		
库默尔定理——从一道IMO预选试题谈起	即将出版		
卢丁定理——从一道冬令营试题的解法谈起	即将出版		
沃斯滕霍姆定理——从一道IMO预选试题谈起	即将出版		
卡尔松不等式——从一道莫斯科数学奥林匹克试题谈起	即将出版		
信息论中的香农熵——从一道近年高考压轴题谈起	即将出版		
约当不等式——从一道希望杯竞赛试题谈起	即将出版		
拉比诺维奇定理	即将出版		
刘维尔定理——从一道《美国数学月刊》征解问题的解法谈起	即将出版		
卡塔兰恒等式与级数求和——从一道IMO试题的解法谈起	即将出版		
勒让德猜想与素数分布——从一道爱尔兰竞赛试题谈起	即将出版		
天平称重与信息论——从一道基辅市数学奥林匹克试题谈起	即将出版		
哈密尔顿－凯莱定理:从一道高中数学联赛试题的解法谈起	2014—09	18.00	376
艾思特曼定理——从一道CMO试题的解法谈起	即将出版		
一个爱尔特希问题——从一道西德数学奥林匹克试题谈起	即将出版		
有限群中的爱丁格尔问题——从一道北京市初中二年级数学竞赛试题谈起	即将出版		
贝克码与编码理论——从一道全国高中联赛试题谈起	即将出版		
帕斯卡三角形	2014—03	18.00	294
蒲丰投针问题——从2009年清华大学的一道自主招生试题谈起	2014—01	38.00	295
斯图姆定理——从一道"华约"自主招生试题的解法谈起	2014—01	18.00	296
许瓦兹引理——从一道加利福尼亚大学伯克利分校数学系博士生试题谈起	2014—08	18.00	297
拉姆塞定理——从王诗宬院士的一个问题谈起	2016—04	48.00	299
坐标法	2013—12	28.00	332
数论三角形	2014—04	38.00	341
毕克定理	2014—07	18.00	352
数林掠影	2014—09	48.00	389
我们周围的概率	2014—10	38.00	390
凸函数最值定理:从一道华约自主招生题的解法谈起	2014—10	28.00	391
易学与数学奥林匹克	2014—10	38.00	392
生物数学趣谈	2015—01	18.00	409
反演	2015—01	28.00	420
因式分解与圆锥曲线	2015—01	18.00	426
轨迹	2015—01	28.00	427
面积原理:从常庚哲命的一道CMO试题的积分解法谈起	2015—01	48.00	431
形形色色的不动点定理:从一道28届IMO试题谈起	2015—01	38.00	439
柯西函数方程:从一道上海交大自主招生的试题谈起	2015—02	28.00	440

刘培杰数学工作室
已出版(即将出版)图书目录——高等数学

书　名	出版时间	定　价	编号
三角恒等式	2015—02	28.00	442
无理性判定:从一道 2014 年"北约"自主招生试题谈起	2015—01	38.00	443
数学归纳法	2015—03	18.00	451
极端原理与解题	2015—04	28.00	464
法雷级数	2014—08	18.00	367
摆线族	2015—01	38.00	438
函数方程及其解法	2015—05	38.00	470
含参数的方程和不等式	2012—09	28.00	213
希尔伯特第十问题	2016—01	38.00	543
无穷小量的求和	2016—01	28.00	545
切比雪夫多项式:从一道清华大学金秋营试题谈起	2016—01	38.00	583
泽肯多夫定理	2016—03	38.00	599
代数等式证题法	2016—01	28.00	600
三角等式证题法	2016—01	28.00	601
吴大任教授藏书中的一个因式分解公式:从一道美国数学邀请赛试题的解法谈起	2016—06	28.00	656
易卦——类万物的数学模型	2017—08	68.00	838
"不可思议"的数与数系可持续发展	2018—01	38.00	878
最短线	2018—01	38.00	879
从毕达哥拉斯到怀尔斯	2007—10	48.00	9
从迪利克雷到维斯卡尔迪	2008—01	48.00	21
从哥德巴赫到陈景润	2008—05	98.00	35
从庞加莱到佩雷尔曼	2011—08	138.00	136
从费马到怀尔斯——费马大定理的历史	2013—10	198.00	I
从庞加莱到佩雷尔曼——庞加莱猜想的历史	2013—10	298.00	II
从切比雪夫到爱尔特希(上)——素数定理的初等证明	2013—07	48.00	III
从切比雪夫到爱尔特希(下)——素数定理100年	2012—12	98.00	III
从高斯到盖尔方特——二次域的高斯猜想	2013—10	198.00	IV
从库默尔到朗兰兹——朗兰兹猜想的历史	2014—01	98.00	V
从比勃巴赫到德布朗斯——比勃巴赫猜想的历史	2014—02	298.00	VI
从麦比乌斯到陈省身——麦比乌斯变换与麦比乌斯带	2014—02	298.00	VII
从布尔到豪斯道夫——布尔方程与格论漫谈	2013—10	198.00	VIII
从开普勒到阿诺德——三体问题的历史	2014—05	298.00	IX
从华林到华罗庚——华林问题的历史	2013—10	298.00	X
数学物理大百科全书. 第1卷	2016—01	418.00	508
数学物理大百科全书. 第2卷	2016—01	408.00	509
数学物理大百科全书. 第3卷	2016—01	396.00	510
数学物理大百科全书. 第4卷	2016—01	408.00	511
数学物理大百科全书. 第5卷	2016—01	368.00	512
朱德祥代数与几何讲义. 第1卷	2017—01	38.00	697
朱德祥代数与几何讲义. 第2卷	2017—01	28.00	698
朱德祥代数与几何讲义. 第3卷	2017—01	28.00	699

刘培杰数学工作室
已出版(即将出版)图书目录——高等数学

书 名	出版时间	定 价	编号
闵嗣鹤文集	2011—03	98.00	102
吴从炘数学活动三十年(1951~1980)	2010—07	99.00	32
吴从炘数学活动又三十年(1981~2010)	2015—07	98.00	491
斯米尔诺夫高等数学.第一卷	2018—03	88.00	770
斯米尔诺夫高等数学.第二卷.第一分册	2018—03	68.00	771
斯米尔诺夫高等数学.第二卷.第二分册	2018—03	68.00	772
斯米尔诺夫高等数学.第二卷.第三分册	2018—03	48.00	773
斯米尔诺夫高等数学.第三卷.第一分册	2018—03	58.00	774
斯米尔诺夫高等数学.第三卷.第二分册	2018—03	58.00	775
斯米尔诺夫高等数学.第三卷.第三分册	2018—03	68.00	776
斯米尔诺夫高等数学.第四卷.第一分册	2018—03	48.00	777
斯米尔诺夫高等数学.第四卷.第二分册	2018—03	88.00	778
斯米尔诺夫高等数学.第五卷.第一分册	2018—03	58.00	779
斯米尔诺夫高等数学.第五卷.第二分册	2018—03	68.00	780
zeta函数,q-zeta函数,相伴级数与积分	2015—08	88.00	513
微分形式:理论与练习	2015—08	58.00	514
离散与微分包含的逼近和优化	2015—08	58.00	515
艾伦·图灵:他的工作与影响	2016—01	98.00	560
测度理论概率导论,第2版	2016—01	88.00	561
带有潜在故障恢复系统的半马尔柯夫模型控制	2016—01	98.00	562
数学分析原理	2016—01	88.00	563
随机偏微分方程的有效动力学	2016—01	88.00	564
图的谱半径	2016—01	58.00	565
量子机器学习中数据挖掘的量子计算方法	2016—01	98.00	566
量子物理的非常规方法	2016—01	118.00	567
运输过程的统一非局部理论:广义波尔兹曼物理动力学,第2版	2016—01	198.00	568
量子力学与经典力学之间的联系在原子、分子及电动力学系统建模中的应用	2016—01	58.00	569
算术域:第3版	2017—08	158.00	820
算术域	2018—01	158.00	821
高等数学竞赛:1962—1991年的米洛克斯·史怀哲竞赛	2018—01	128.00	822
用数学奥林匹克精神解决数论问题	2018—01	108.00	823
代数几何(德语)	2018—04	68.00	824
丢番图近似值	2018—01	78.00	825
代数几何学基础教程	2018—01	98.00	826
解析数论入门课程	2018—01	78.00	827
中正大学数论教程	即将出版		828
数论中的丢番图问题	2018—01	78.00	829
数论(梦幻之旅):第五届中日数论研讨会演讲集	2018—01	68.00	830
数论新应用	2018—01	68.00	831
数论	2018—01	78.00	832

刘培杰数学工作室
已出版（即将出版）图书目录——高等数学

书　名	出版时间	定　价	编号
湍流十讲	2018－04	108.00	886
无穷维李代数：第3版	2018－04	98.00	887
等值、不变量和对称性：英文	2018－04	78.00	888
解析数论	即将出版		889
《数学原理》的演化：伯特兰·罗素撰写第二版时的手稿与笔记	2018－04	108.00	890
哈密尔顿数学论文集（第4卷）：几何学、分析学、天文学、概率和有限差分等	即将出版		891
数学王子——高斯	2018－01	48.00	858
坎坷奇星——阿贝尔	2018－01	48.00	859
闪烁奇星——伽罗瓦	2018－01	58.00	860
无穷统帅——康托尔	2018－01	48.00	861
科学公主——柯瓦列夫斯卡娅	2018－01	48.00	862
抽象代数之母——埃米·诺特	2018－01	48.00	863
电脑先驱——图灵	2018－01	58.00	864
昔日神童——维纳	2018－01	48.00	865
数坛怪侠——爱尔特希	2018－01	68.00	866
当代世界中的数学.数学思想与数学基础	2018－04	38.00	892
当代世界中的数学.数学问题	即将出版		893
当代世界中的数学.应用数学与数学应用	即将出版		894
当代世界中的数学.数学王国的新疆域（一）	2018－04	38.00	895
当代世界中的数学.数学王国的新疆域（二）	即将出版		896
当代世界中的数学.数林撷英（一）	即将出版		897
当代世界中的数学.数林撷英（二）	即将出版		898
当代世界中的数学.数学之路	即将出版		899

联系地址：哈尔滨市南岗区复华四道街10号　哈尔滨工业大学出版社刘培杰数学工作室
网　　址：http://lpj.hit.edu.cn/
邮　　编：150006
联系电话：0451－86281378　　13904613167
E-mail:lpj1378@163.com